Werner Gekeler

FACHKUNDE NACHWEIS HONIG

Gewinnung

Verarbeitung

Vermarktung

Inhalt

HONIG

Vorwort

In Honigschulungen werden die Grundlagen für den gesamten Gewinnungs-, Bearbeitungs-und Vermarktungsprozess des Honigs vermittelt. Der Besuch einer Schulung mit einem erfolgreichen Abschluss ist auch Voraussetzung, um die Gewährstreifen des Deutschen Imkerbundes (D.I.B.) beziehen und nutzen zu können. Diese Regelung gilt für alle Neuimker (siehe Hinweis auf S. 128) und Neubezieher des D.I.B.-Etiketts. Zudem regeln verschiedene Gesetze das In-Verkehr-Bringen des Honigs. Nach Abschluss der Schulung erhalten die Teilnehmer ein werbewirksam gestaltetes Zertifikat.

Honigbienen sind unverzichtbare Bindeglieder im Naturhaushalt. Dazu liefern sie uns sechs spezielle Kostbarkeiten. Neben Bienenwachs, Propolis, Pollen, Gelée Royale und Bienengift ist Honig zweifellos das bedeutendste Produkt.

Die Gewinnung des eigenen Honigs ist bei den meisten Neuimkern ein Nebenaspekt. Der Grund für den Beginn mit der Bienenhaltung ist die ökologische Seite. Vielen liegt am Herzen, dass sie einen Beitrag zum Naturerhalt leisten.

Der Wunsch und die Absicht, von dem eigenen Honig auch zu verkaufen, steht oft an zweiter Stelle. Trotzdem ist die Beherrschung des Fachwissens zur Gewinnung und Weiterverarbeitung des Honigs von Bedeutung. Denn der gewonnene Honig soll ja nicht verderben und beim Verkauf soll er den gesetzlichen Vorschriften und Qualitätsanforderungen entsprechen.

Wie Honig bereitet wird, wie er gewonnen, bearbeitet und vermarktet werden soll und kann, habe ich in diesem Buch zusammengefasst.

Bau einer Zwitterblüte mit Staubbeutel und Fruchtknoten. Eine Biene saugt Nektar aus der sehr tief liegenden Nektarie im Bereich des Fruchtknotens.
Quelle: F. G. Barth, grafisch bearbeitet vom Autor.

Vom Nektar zum Honig

Honig ist ein Naturprodukt: Wie er entsteht, sich zusammensetzt, wie er beschaffen sein muss und welche Angaben bei der Vermarktung gemacht werden müssen, regelt die Honigverordnung. Sie ist bindend für jeglichen Umgang mit Honig. Sie gilt Deutschland- und EU-weit, sowohl für inländischen als auch für importierten Honig. Nach der deutschen Honigverordnung (HonigV) gibt es für Honig folgende Begriffsbestimmung:

„Honig ist der natursüße Stoff, der von Honigbienen erzeugt wird, indem die Bienen Nektar von Pflanzen oder Sekrete lebender Pflanzenteile oder sich auf den lebenden Pflanzenteilen befindliche Exkrete von an Pflanzen saugenden Insekten aufnehmen, durch Kombination mit eigenen spezifischen Stoffen umwandeln, einlagern, dehydratisieren und in den Waben des Bienenstocks speichern und reifen lassen.
Honig besteht im Wesentlichen aus verschiedenen Zuckerarten, insbesondere aus Fructose und Glucose, sowie aus organischen Säuren, Enzymen und beim Nektarsammeln aufgenommenen festen Partikeln. Die Farbe des Honigs reicht von nahezu farblos bis dunkelbraun. Er kann von flüssiger, dickflüssiger oder teilweise bis durchgehend kristalliner Beschaffenheit sein. Die Unterschiede in Geschmack und Aroma werden von der jeweiligen botanischen Herkunft bestimmt."

Wie Honig entsteht

Für uns als Betrachter ist der emsige Blütenbesuch von Bienen, Hummeln und Co. ein wundervolles Schauspiel. Bei genauer Betrachtung entpuppt sich dies für beide Partner als eine über Jahrmillionen hindurch erprobte Überlebensstrategie.

Bienen, Hummeln und Co.

Für die Insekten ist es die dringend notwendige Nahrungsbeschaffung, um existieren zu können, und bei den Pflanzen ist es die Bemühung zur zuverlässigen Bestäubung mit der damit verbundenen Befruchtung zur Sicherung des Fortbestandes bzw. der Vermehrung der jeweiligen Art. Dafür geben sie alles, es ist ein Regenbogen voller Farben mit einem Bouquet von Düften. Bei den Insekten sind der Körperbau und die Funktionen all ihrer Organe eindeutig dafür geschaffen, ihre Nährstoffe auf den Blütenpflanzen zu sammeln. Auch ihre Fähigkeiten, sich der jeweiligen Situation anzupassen und sich die unterschiedlich zustande kommenden Nahrungsangebote zu merken, sind eine Folge oder Begabung des langen Zusammenlebens.

Blütenbesuch auf einem Wiesensalbei, ein faszinierendes Schauspiel, wenn sich die beiden Stempel auf die Biene senken.

Bienen bei der Futteraufnahme. Die Mundwerkzeuge sind gut erkennbar.

Das Pflanzenreich ist sehr vielfältig. Ein bedeutendes Unterscheidungsmerkmal bei den Pflanzen ist die Bestäubungsart. Wir unterscheiden Windbestäubung (Anemophilie) und Insektenbestäubung (Entomophilie).

Bei Windbestäubern erfolgt die Blütenstaubübertragung durch Luftbewegung (Wind). Diese Pflanzen erzeugen ein Millionenfaches an Blütenstaub gegenüber Insektenbestäubern. Während der Haselnuss- oder Fichtenblüte können wir manchmal die vom Wind getragenen Pollenstaubwolken beobachten. Auf Pfützen oder Gewässern niedergegangener Pollenstaub bildet einen regelrechten Überzug und verdeutlicht das Ausmaß der Pollenmasse. Trotz des Überflusses an Pollen müssen sich die Pflanzen bemühen, diesen mit der weiblichen Blüte einzufangen. Zu beobachten ist dabei, wie sich die Narbe der weiblichen Blüte vergrößert und diese eine klebrige Oberfläche absondert, um den vorbeifliegenden Pollen aus der Luft einzufangen.

Insektenblütigen Pflanzen reicht ein Bruchteil an Blütenstaub zur sicheren Bestäubung. Sie nutzen die geflügelten Boten zur gezielten Pollenübertragung. Trotz der relativ großen Menge an Blütenstaub, die von den Insekten als Eiweißnahrung verbraucht wird, sparen insektenblütige Pflanzen große Mengen an Energie.

Genetische Vielfalt in den Blüten

Die sehr unterschiedlichen Formen und Farben der Blumen sind Eigenarten, um sich voneinander zu unterscheiden. Dies geschieht, um den Insekten bei der Nahrungssuche gewissermaßen Wegweiser aufzustellen. So ist weitestgehend auch gesichert, dass von den Insekten der jeweils passende Blütenstaub übertragen wird. Mitverantwortlich für dieses pflanzenbiologische Verhaltensmuster ist ihre egoistische Einstellung. Jede Art muss sich von den anderen Arten hervorheben, um „gesehen“ zu werden. Die Erzeugung von Blütenstaub oder Nektar kann ganztägig oder auf bestimmte Tagesabschnitte begrenzt erfolgen. Der Sammelflug der Insekten wird effektiver, wenn sich die Bienen den zu der jeweiligen Tageszeit ergiebigen Trachtort mit den jeweils ergiebigen Pflanzen merken und gezielt anfliegen können. Die Nektar- oder Pollenproduktion ist temperatur- und witterungsbedingt sehr unterschiedlich. Manche Pflanzen locken die Blütenbesucher mit Nektargaben eher vormittags, andere spätnachmittags oder zu anderen Zeiten an. In diesem Zusammenhang wird ein weiteres Mal deutlich, wie sehr sich Pflanzen und Bestäuber aufeinander eingestellt haben.

Die Merkfähigkeit der Bienen und Co. über das Wann und Wo bei der Nahrungssuche ist einerseits Bestandteil einer sicheren Bestäubung. Andererseits verbessert es die Leistungsfähigkeit eines Bienen- oder Hummelvolkes. Der Trachtplatz muss nicht erst gesucht werden, sondern die Lage, der Duft und die Ergiebigkeit sind dann bereits bekannt.

Im Laufe der Entwicklungsgeschichte hat es sich aus Sicht der Pflanzen bewährt, jeweils kleine Mengen Nektar anzubieten, oft nur ca. 1 mm^3 je Blüte. Die Honigblase der Bienen fasst üblicherweise bis zu 60 mm^3. Damit sich der Sammelflug lohnt und das Transportgefäß voll wird, müssen mehrere Blüten angeflogen werden. Würde die Nektarmenge einer Blüte die ganze Honigblase füllen, würde der Übertragungseffekt sehr eingeschränkt sein.

Auch der Blütenduft ist Bestandteil der sicheren Unterscheidung der Trachtpflanzen und dient auch dem Auffinden der Trachtpflanzen und des Trachtplatzes.

Eine weitere zu bewundernde Eigenschaft der Pflanzen liegt im Bau der Blüten und dient den Insekten zum sicheren und schnellen Finden der Nektarien. Ein sogenanntes Saftmal an den Blütenblättern im Bereich des Eingangs zu den Nektarien zeigt den Weg.

Unser köstliches Naturprodukt Honig haben wir dem wunderbaren Zusammenspiel der Pflanzen und Bienen verdanken.

Rosskastanienblüte: Bei genauerem Hinsehen entdecken wir farbliche Unterschiede inmitten der Einzelblüten. Rot heißt: Ich bin schon befruchtet. Lindgrün heißt: Hier gibt es noch was.

Nektar und Honigtau als Rohstoffe

Als Nahrungsmittel und Honigrohstoff sammeln die Bienen Nektar und/oder Honigtau. In trachtarmer Zeit, wenn keine Blumen blühen und es im Wald keinen Honigtau gibt, versuchen die Bienen, auf überreifen oder fauligen Früchten süße Säfte zu sammeln. Die Säfte sind meist so spärlich, dass es hieraus keine Tracht in unserem Sinne gibt und meistens auch kein Honig gewonnen werden kann.

Das Sammelgut von überreifen Früchten ist spärlich. Bei einem KEF-Befall wird es schwierig.

Die Einschleppung der Kirschessigfliege (KEF) und ihre Folgen sind neu. Werden reife Früchte (Kirschen, Trauben, etc.) von der KEF befallen, kann dabei Fruchtsaft austreten. In trachtloser Zeit kann dieser von den Bienen gesammelt und es können davon Vorräte angelegt werden. Ein evtl. daraus gewonnenes Schleudergut ist nicht als Honig Vermarktungsfähig, denn nach der Honigverordnung sind die Rohstoffe für Honig Nektar oder Honigtau.

Rohstoff Nektar – Blütenhonig

Die Zuckergehalte des Nektars liegen bei nur 20 bis über 60 %. Nektar ist Pflanzensaft, der den Blütenbesuchern in den Nektarien angeboten wird. Bei manchen Pflanzen liegen die Nektarien im leicht zugänglichen Blütenboden wie z. B. bei Weißdorn, bei anderen liegen sie recht tief im Blütenkelch wie etwa bei der Kirschblüte oder ganz extrem tief bei Rotklee. Einzelne Pflanzen bieten Nektar auch außerhalb der Blüten an den Blatt- oder Blütenstielen an. Hierbei handelt es sich um sogenannte extraflorale Nektarien. Aber offensichtlich reicht diesen Pflanzen der damit bezweckte Insektenbesuch aus, um auf diese Art und Weise die Fortpflanzung zu sichern. Diese Nektarmenge trägt auch zur Honiggewinnung bei, ist aber eher als unbedeutend zu beurteilen.

ZUSAMMENSETZUNG DES NEKTARS

Der Nektar entstammt dem Siebröhrensaft der Pflanzen und wird in den Nektarien angeboten. Zahlreiche Insekten kommen zum Naschen. Der Hauptbestandteil des Nektars ist Rohrzucker (Saccharose), dazu kommen als Monosaccharide Frucht- und Traubenzucker (Fructose und Glucose) in unterschiedlich großen Anteilen. Die meisten Nektare beinhalten weitere, weniger bedeutende Zuckerarten wie z. B. Erlose, Maltose oder Raffinose, um nur einzelne zu nennen. Im Nektar ist ein Bouquet von Duftstoffen, Aroma- und Mineralstoffen, Aminosäuren und auch Vitaminen enthalten.

Eine Besonderheit ist zweifellos der Nektar des Heidekrauts (*Calluna vulgaris*). Bemerkenswert dabei ist sein hoher Fruchtzuckeranteil. Außerdem beinhaltet er auch einen größeren Anteil an Eiweiß. Heidehonig geliert deshalb schon in den Wabenzellen und auch später im Glas, anstelle der Kristallisation bei den sonstigen Honigen. Heidehonig „verträgt" dadurch einen höheren Wassergehalt, ohne zu verderben bzw. in Gärung zu gehen. Diese Eigenschaft verleiht ihm eine Sonderstellung bei der gesetzlichen Regelung des höchstzulässigen Wassergehaltes.

Auch der Nektar der Robinie unterscheidet sich stärker von fast allen sonstigen süßen Säften der Pflanzen. Zu mehr als 50 % besteht dieser aus Rohrzucker. Dazu kommt, dass in diesem Nektar sehr wenig Glucose, dafür aber sehr viel Fructose enthalten ist. Bei der Honigbereitung durch die Bienen bleibt diese Besonderheit gewissermaßen erhalten. Der reife Akazienhonig hat einen sehr hohen Fruchtzuckergehalt. Reiner Akazienhonig bleibt, im Gegensatz zu den meisten anderen Blütenhonigen, immer flüssig.

Biene saugt Nektar aus Kirschblüte.

Tracht

Um den Bienenvölkern eine gute Tracht zu bieten, ist es wichtig zu wissen, welche Pflanzen den Bienen wann und wo Nektar, Pollen oder Honigtau liefern. Die Pflanzenarten, ihre Blühzeiten und ihren Trachtwert kennenzulernen, das begleitet die Honigbienenhaltung. In unserem mitteleuropäischen Bereich gibt es eine reiche Vegetation und damit auch viele Plätze, die den Bienen Nahrung liefern.

Insgesamt sind es ungefähr 3 000 Blütenpflanzen, die als Trachtpflanzen infrage kommen. Wenige davon sind die sogenannten Haupttrachtpflanzen, sie leisten einen wesentlichen Beitrag zu einer Honigernte und versorgen die Völker maßgeblich mit Nektar und Pollen. Bei einer Aufzählung der bedeutendsten Trachtpflanzen kommt man meist nicht weit über 100 oder 200 Arten hinaus. Aber auch die weniger bedeutenden Trachtpflanzen dürfen nicht geschmäht werden, denn auch sie tragen zur Versorgung der Bienenvölker bei.

Das Trachtangebot ist ausschlaggebend für die Honigerträge und hat damit auch einen entscheidenden Einfluss auf die Wirtschaftlichkeit der Bienenhaltung. Ein gutes Trachtangebot ist zudem Garant für gesunde Bienenvölker. Der Trachtreigen sollte möglichst früh im Jahr beginnen und sich bis in den Sommer oder Spätsommer hin ausdehnen. Dabei sollte es möglichst keine Trachtpausen geben. Am besten ist es, wenn sich an eine zu Ende gehende Tracht jeweils eine neue anschließt.

Standorte mit einer Ganzjahrestracht sind selten, sie stehen keinesfalls allen Imkern mit ihren Bienenvölkern zur Verfügung. Die eine oder andere Tracht kann man deshalb durch Wanderung mit den Bienenvölkern erschließen.

Die Trachtabschnitte werden in die Früh-, Sommer- und Spättracht gegliedert. Frühesttrachten sind üblicherweise Entwicklungstrachten für die Bienenvölker. Erlen, Haseln, Weiden, Kornelkirsche, Winterling, alle Zwiebelblüher, Schneeheide, Schlehen, Wildkirschen, Zuckerahorn, Anemone, Traubenhyazinthe und Huflattich sind die wichtigsten Pflanzen, die auch ein großes Verbreitungsgebiet haben.

TRACHTABSCHNITTE UND TRACHTPFLANZEN

Als **Frühtracht** wird die Zeit von April bis Ende Mai bezeichnet. Bedeutende Frühtrachtpflanzen sind Steinobst, Kernobst, Beeren, Wiesenblüte mit Löwenzahn, Salbei, Storchschnabel, Raps, Wildkirsche, Ahornarten, Rosskastanie und Himbeere.
Als **Sommertracht** bezeichnet man den Zeitabschnitt von Ende Mai bis Anfang Juli. Bedeutende Sommertrachtpflanzen sind Kleearten, Ackerkulturen, Senf, Saubohne, Brombeere, Himbeere, Weidenröschen, Goldrute, Pfefferholz und Linde.
Spättracht vom 15. Juli bis September. Bedeutende Spättrachtpflanzen sind z. B. Honigtau liefernde verschiedene Bäume, Durchwachsene Silphie, Ölrettich, Weißklee, Riesenhonigklee und Rotklee.

Honigtau, nicht nur von Fichte, Tanne, Kiefer, Lärche, auch von Ahorn, Linde, Eiche, Birke und weiteren Laubbäumen, gibt es in der Regel sowohl in der Sommer- als auch in der Spättrachtzeit.

TRACHTBEDINGUNGEN

Das Vorkommen der jeweiligen Pflanzenarten ist verständlicherweise kein Garant für eine Tracht. Sie wird von vielen Faktoren beeinflusst und kann auch nur dann entstehen, wenn die jeweiligen Pflanzen in Massen vorkommen. Mitentscheidend für eine gute Tracht ist ein pflanzengemäßer Standort mit einer guten Nährstoffversorgung. Selbstverständlich beeinflussen auch die Witterung und die vorherrschende Temperatur die Pollen- und Nektarerzeugung.

Besonderheit Waldtracht

Die Waldtracht hat wegen der besseren Honigerträge und einer längeren Trachtzeit eine besondere Bedeutung für die Bienenhaltung. Der höhere Waldhonigpreis verbessert zudem die Wirtschaftlichkeit.

Frühtracht:
Löwenzahn bietet Bienen reichlich Nektar und Pollen. Trotzdem ist im Honig wenig Pollen enthalten. Er ist unterrepräsentiert.

Sommertracht:
Esparsetten sind mit der Erbse verwandt.

Spättracht:
Lindenblüte.

Honigtautröpfchen auf
einem Fichtenzweig.

Rohstoff Honigtau – Waldhonig

Honigtau ist der Rohstoff für Waldhonig. Er wird von spezialisierten Rindensaugern, die auf den Trachtpflanzen vorkommen, durch Anzapfen der pflanzlichen Siebröhren erzeugt.

Die Bienen sammeln den süßen Baumsaft auf den Nadeln oder Blättern der Bäume oder Pflanzen und bereiten daraus den Waldhonig. Dieser ist reich an Mineralstoffen und Inhibinen. Waldhonig hat einen höheren Anteil an Fruchtzucker und bleibt deshalb auch längere Zeit flüssig.

Die Honigtauerzeuger

Wegen ihrer speziellen Mundwerkzeuge gehören alle Honigtauerzeuger der Ordnung der Schnabelkerfen an. Die Mundwerkzeuge sind rüsselartig, sie bestehen aus vier Stechborsten, den innen liegenden Maxillen mit dem Nahrungs- und Speichelkanal und den außen liegenden Mandibeln, die zum Eindringen gegeneinander arbeiten, ähnlich dem Bienenstachel. Mit ihren Stechborsten durchdringen sie die äußere Pflanzenschicht, bis sie die nährstoffführenden Siebröhren erreichen.

Es handelt sich hauptsächlich um Schild-, Rinden- oder Blattläuse, die bei guten Ernährungs- und Vermehrungsbedingungen Honigtau erzeugen. Nur selten kommen auch Blattflöhe als Honigtauerzeuger infrage. In der Fachsprache werden Schildläuse Lecanien und Blatt- oder Rindenläuse Lachniden genannt. Lecanien und Lachniden haben unterschiedliche Lebens- und Vermehrungsgewohnheiten. Die Honigtauerzeuger sind auf ihre Wirtspflanzen spezialisiert (Artstetigkeit). Sie können sich auf keiner anderen Pflanzenart ernähren oder gar fortpflanzen.

Honigtauerzeuger der Waldbäume und Sträucher werden nicht als Schädlinge der Pflanzen angesehen, weil die Pflanzen über entsprechende Steuerungsinstrumente durch Saftveränderung verfügen und weil vom Produkt Honigtau der Wald lebt. Zu den Honigtaukonsumenten zählen beispielsweise auch Waldameisen- und Wespenarten, die eine große Bedeutung für die Waldhygiene haben.

ERNÄHRUNGSBAUSTEINE

Zur Entwicklung und zu ihrer Vermehrung benötigen die Pflanzensaft saugenden Tiere neben den Zuckerstoffen auch Vitamine, Mineralstoffe und Eiweiß. In der Austriebsphase der Bäume und Pflanzen befinden sich im Phloemsaft (Siebröhrensaft) alle die von ihnen benötigten Nährstoffe. Der Anteil an Eiweißbausteinen im Siebröhrensaft ist verhältnismäßig gering. Die Honigtauerzeuger müssen deshalb große Mengen des Saftes entnehmen, um ihren Eiweißbedarf zu decken. Den begehrten Eiweißbaustoff gewinnen sie durch Herausfiltern aus dem Phloemsaft. Er durchläuft dazu eine Filterkammer. Jeder Mehrbedarf an Eiweißbausteinen erhöht die Erzeugung von Honigtau. Die Bienen sammeln diesen auf den Nadeln und Blättern der Waldbäume oder des Unterwuchses und bereiten daraus den Waldhonig.

Neigt sich die Austriebszeit dem Ende zu, nimmt der Stickstoffgehalt des Saftes ab, was die Pflanzensauger veranlasst, den Saftumsatz zu erhöhen, um ihren Eiweißbedarf zu decken. Speziell in diesem Zeitabschnitt kommt es häufig zu einer Massentracht. Ein weiterer Rückgang des Stickstoffanteiles im Baumsaft beeinträchtigt die Ernährungsbedingungen der Rindensauger stark. Oftmals bricht in dieser Phase die Honigtauerzeugerpopulation zusammen, wodurch logischerweise auch die Tracht abrupt beendet wird.

Honigtau auf Blättern des Unterwuchses.

Wirtspflanzen der Honigtauerzeuger

Fichten (Rottanne), Kiefern (Forchen, Föhre) und Tannen (Weißtanne) sind die bedeutendsten Waldtrachtbäume, daneben kommen auch Lärchen und Latschen infrage. Nicht unterschätzen darf man die von Laubbäumen ausgehende Tracht. Auf Ahorn, Birke, Eiche, Edelkastanie, Linde, aber auch Pflaume, Zwetschge und Birne kommt öfter eine Honigtauerzeugerpopulation zustande. Auf Buche und Erle sind Honigtauerzeuger selten. Bei dieser Aufzählung wurden nur die bedeutendsten Waldtrachtbäume berücksichtigt. In manchen Jahren kommen Honigtauerzeuger auch auf anderen Bäumen, Sträuchern, Büschen und krautigen Pflanzen vor. Manchmal kommt es auch auf Getreide zu einer Honigtauproduktion. Dieser Situation wird in der Bienenschutzverordnung Rechnung getragen. Dort heißt es, dass Bestände (Kulturen, auch nicht blühende), die von Bienen beflogen werden, nicht mit bienengefährlichen Mitteln behandelt werden dürfen.

TRACHTNUTZUNG

Eine gute Nutzung der Waldtracht durch die Honigbienen ist, wie jede andere Tracht auch, nur bei günstiger Witterung möglich, wobei auch die Temperatur und die Luftfeuchtigkeit Auswirkungen auf die Nektar- und Honigtauerzeugung haben. Eine gute Waldtracht ergibt sich üblicherweise bei Temperaturen über 20 °C. Anhaltende Regenfälle waschen den Honigtau und damit auch das Trachtangebot ab. Leichter Regen beeinflusst die Honigtauerzeuger kaum und dringt auch nicht in alle Laub- und Nadelbereiche der Bäume ein, oftmals verbessert er sogar die Tracht. Die beste Trachtnutzung erzielt man mit leistungsfähigen Völkern. Die Leistung ist dann aber auch von der Entfernung der Völker zur Trachtquelle abhängig, Entfernungen von mehr als 500 bis 600 Metern schränken die Leistungsfähigkeit der Völker bereits etwas ein.

Beobachtung der Honigtauerzeuger

Die Beobachtung der Honigtauerzeuger ist ein weiteres Betätigungsfeld der Bienenhaltung. Dazu muss man die auf den jeweiligen Bäumen vorkommenden Arten, ihr Aussehen, ihren Sitz und ihre Entwicklungszeit kennen. Die Vorgehensweise ist in der Beschreibung der Arten enthalten.

HONIGTAUERZEUGER DER FICHTE (ROTTANNE)

- Die Rotbraune Bepuderte Fichtenrindenlaus (*Cinara pilicornis*)
- Die Schwarze Fichtenrindenlaus (*Cinara piceae*)
- Die Stark Bemehlte Fichtenrindenlaus (*Cinara costata*)
- Große und Kleine Lecanie (Fichtenquirlschildläuse, *Physokermes piceae* und *Physokermes hemicryphus*)

LECANIEN (FICHTENQUIRLSCHILDLÄUSE)

Aus den reifen Bruthüllen der Lecanien schlüpfen im August/September bei guter Witterung je Tier ca. 200 Erstlarven L1, die sich in den Quirlen der Fichtenzweige Schutz und einen Nistplatz suchen. Sie sind nur knapp 1 mm lang. An ihrem neuen

Nistplatz häuten sie sich in den nächsten Monaten zur Zweitlarve L2 und bleiben dort gewissermaßen in Ruhelage bis April/Mai des Folgejahres. In dieser Ruhelage werden sie auch als Ruhelarven bezeichnet. Im Frühjahr, etwa im April/Mai, beginnen sie mit der Nahrungsaufnahme, wodurch sie schnell wachsen. Ihr Aussehen verändert sich stark und gleicht in dieser Entwicklungsphase mehr und mehr einer Baumknospe, die 3 bis 4,5 mm groß wird. Wegen ihrer Form und ihrer rotbraunen Farbe werden sie nur von geübten Beobachtern und meist erst dann, wenn sie mit der Honigtauerzeugung beginnen, erkannt. Am Ende dieser Entwicklungsphase, etwa Mitte Juni, entstehen im Innern der Hülle ca. 200 Eier. Aus den Eiern entwickeln sich wiederum die Erstlarven, die je nach Höhenlage und Witterungsverlauf etwa im August die Bruthülle verlassen. Der Analspalt der Bruthülle öffnet sich nur bei geringer Luftfeuchtigkeit und einer Temperatur von über 20 °C. Trotz dieser Fürsorge durch das Muttertier sind die L1 bei ihrem Ausschwärmen großen Gefahren ausgesetzt. Je schneller sie Unterschlupf finden, desto größer ist die Überlebensrate; sie besiedeln deshalb auch meist die jüngeren Quirle der Fichtenzweige. Eine weitere Vermehrung außerhalb der Bruthüllen findet nicht statt. Die leeren Hüllen bleiben an den Quirlen ein bis zwei Jahre oder auch länger bestehen. Der Lachnidenbestand wird unter Umständen bei starken Regenfällen reduziert, Lecanien sind hingegen fest mit den Zweigen verbunden und können kaum abgewaschen werden. Neben der nun beschriebenen Kleinen Lecanie kommen auf Fichten auch Große Lecanien, sie werden 6 bis 7 mm groß, vor. Ihr Lebensrhythmus läuft in etwa gleich ab, ihre Entwicklungszeit beginnt ca. vier Wochen früher. Wegen ihrer geringeren Population kommt aus ihrer Honigtauproduktion kaum eine Tracht zustande.

Lecanien kommen auch auf anderen Wirtsbäumen vor, eine Bedeutung für die Waldtracht hat lediglich die Kleine Lecanie der Fichte. Trachtbeobachter können den Besatz mit L2 bereits im Winter und Frühjahr untersuchen, indem eine gewisse Anzahl Fichtenquirle unter einer Lupe

Große Lecanie auf einem Fichtenzweig mit Honigtautropfen.

nach Zweitlarven abgesucht werden. Die Suche nach L2 macht allerdings nur Sinn, wenn es Anzeichen ihres Vorkommens gibt. Ein sicheres Zeichen sind Bruthüllen des Vorjahres, die man leicht erkennen kann. Anhand des Besatzes lässt sich eine Waldtracht prognostizieren. Werden auf jedem dritten Zweig mehrere L2 gefunden, liegt jedenfalls ein guter Besatz vor.

LACHNIDEN (BLATT- UND RINDENLÄUSE)

Blatt- und Rindenläuse überwintern als Eier an Nadeln, Knospen oder Trieben. Meist werden die Eier dort einzeln, manchmal auch in Gruppen, abgelegt. Aus den Eiern schlüpfen im Frühjahr die Stammmütter. Der Zeitpunkt wird von der Temperatur und Witterung bestimmt. Von einer Stammmutter können bis zu zehn Nachkommen und insgesamt bis zu zehn Tochtergenerationen ausgehen. So gesehen haben die Lachniden ein sagenhaftes Vermehrungspotenzial. Lachniden sind aber auch, anders als die Lecanien, großen Gefahren ausgesetzt. Sie können durch Umwelteinflüsse, durch Feinde und durch die Nahrungsveränderung der Wirtspflanze immer wieder dezimiert werden. Auf die Veränderung des Baumsaftes, vor allem auf einen geringeren Aminosäuregehalt, aber auch auf die Überbevölkerung der Triebe oder eventuell auch auf eine Schwächung der Wirtspflanze, reagieren die meisten Lachniden mit der Ausbildung geflügelter Tiere. Diese sind in der Lage andere Bäume zu besiedeln.

Zur Beobachtung der Lachnidenpopulation kann man mit der Untersuchung des Wintereierbesatzes beginnen. Dies kann sowohl vor Ort mit einer Lupe oder zu Hause unter einem Binokular erfolgen. Am Eigelege und der Erstfarbe kann man die Wintereier der jeweiligen Art zuordnen. Bäume mit gutem Besatz markieren wir mit Fäden, Bändeln oder mit Wachskreide. Im Frühjahr untersucht man die Schlüpfrate und sucht die Zweige nach Stammmüttern ab. Die Fundorte werden mit Fäden gekennzeichnet und der Besatz in regelmäßigen Abständen auf ihre Entwicklung hin kontrolliert. Beginnt man mit der Beobachtung erst im April oder Mai, sind die Stammmütter bereits geschlüpft und bilden eventuell kleine, sogenannte Primärkolonien. Vor dem Austrieb der Nadelbäume befindet sich der Sitz der Rindensauger auf dem Altholz. Mit ihrer Färbung sind sie dort gut getarnt und nur schwer aufzufinden. Bei der Suche helfen Ameisen. Findet man Bäume, die von Ameisen belaufen sind, dürfte es für sie dort etwas zu naschen geben, sind die absteigenden Baumbesucher dicker als die aufsteigenden, konnten sie sich oben vollsaugen. Verfolgt man die aufsteigenden Ameisen, führt der Weg mit Sicherheit zum Sitz der Einzeltiere oder zu einer Primärkolonie. Schon während die Maitriebe sprießen, dehnt sich der Sitz einer Kolonie der Rotbraunen Bepuderten Fichtenrindenlaus dorthin aus oder er wird dorthin verlagert.

Die Große Schwarze Fichtenrindenlaus hat ihren Sitz am Starkholz und am Stamm.

Die Stark Bemehlte Fichtenrindenlaus besiedelt schwachwüchsige, ein-, zwei-, und mehrjährige Triebe. Ihr Aussehen gleicht den Fichtenflechten, sie sind deshalb nicht gut zu erkennen. Manchmal führt den Beobachter die Spur eines an einer Fichtennadel hängenden Honigtautropfens zum Sitz der Kolonie.

Große Schwarze Fichtenrindenlaus.

Buchneria (*Cinara pectinatae*): In Tarnfarbe und geschützt hinter Tannennadeln ist die Grüne Tannenhoniglaus kaum zu erkennen.

HONIGTAUERZEUGER DER TANNE (WEISSTANNE)

- Grüne Tannenhoniglaus (*Cinara pectinatae*)
- Große Schwarze Tannenrindenlaus (*Cinara confinis*)

Auch bei den Honigtauerzeugern der Tanne kann man den Wintereierbesatz durch Untersuchung der Nadeln feststellen. Wegen der geringen Kolonienbildung und der guten Tarnfarbe ist der Besatz der Tannenhoniglaus durch Absuchen praktisch nicht festzustellen. Er wird deshalb mit einem 60 × 60 cm großen Fangtuch, das auf einen Holzrahmen gespannt ist, ermittelt. Durch Abklopfen der Zweige kann man den Besatz auf jeweils 1 m^2 Zweigfläche hochrechnen. Dazu wird das Fanggut im Tuch untersucht und der Besatz der Grünen Tannenhoniglaus ermittelt. Stellt man bei regelmäßigen Kontrollen durch Abklopfen eine gute Vermehrung und einen Besatz fest, der in dem Bereich von 80 bis 100 Tieren je m^2 Zweigfläche liegt, hat man jedenfalls gute Aussichten auf eine Tannentracht.

Einen Besatz der Tannenhoniglaus kann man auch im Unterholz erkennen. Es ist ihre Eigenart, den Honigtau abzuschleudern. Die Tröpfchen findet man bei guter Witterung auf dem Laub des Unterholzes. Es gehört aber auch hier Übung dazu, um eine mögliche Tracht zu erkennen. Blätter der Brombeere und Brennnessel sind jedenfalls ungeeignet, um eine Aussage über die Tracht machen zu können. Auf ihnen findet man auch ohne Tannen Spritzer, die sehr ähnlich glänzen. Gut geeignet sind Buchen- und Eschenblätter. Bei trockener Witterung bleiben Tropfen auch auf solchen Blättern lange Zeit glänzend, obwohl die Tracht möglicherweise schon abgeklungen ist. Es gibt weitere Besonderheiten, die man bei der Trachtbeobachtung berücksichtigen muss.

Eine gute Auskunft geben Papierbögen, die für ein paar Stunden unter den Tannen ausgelegt werden. Man sammelt sie danach ein und zählt die frischen

Honigtautropfen aus. Die Honigtauproduktion ist nachts und in den frühen Morgenstunden am stärksten. Allerdings gewähren auch diese Tropfen noch keine Tracht, denn es ist nicht sicher, ob den Honigbienen dieser Saft auch schmeckt und von ihnen gesammelt wird.

Feinde der Honigtauerzeuger

Als Gegenspieler oder gar Feinde der Honigtauerzeuger sind Marienkäfer, Marienkäferlarven, Florfliegen und Schlupfwespen bekannt. Sie können einen Honigtauerzeugerbesatz reduzieren oder seine Entwicklung aufhalten, für das Ausbleiben einer Tracht dürften sie jedoch nicht allein verantwortlich sein.

Bereiten Bienenvölker auf einem Waldstandort auch Waldhonig?

Der Standort der Bienenvölker allein hat nur einen geringen Einfluss auf den Sammelort der Bienen. Sie wählen unter strengen wirtschaftlichen Gesichtspunkten den ergiebigsten Sammelort aus. Da könnte es schon sein, dass die Bienen eines Waldstandortes eine weit außerhalb des Waldes liegende Trachtquelle bevorzugen, wenn dort eine bessere Tracht geboten ist. Kommt es zu einer Waldhonigtracht, dann handelt es sich meist um eine Massentracht und dafür gibt es keine Konkurrenztracht. Ob die Bienen letztendlich Honigtau sammeln und Waldhonig bereiten, können wir bei der Schleuderung feststellen.

WIE ERFÄHRT MAN, OB DER WALD HONIGT?

In Europa sind über 30 % der Fläche bewaldet, in manchen Regionen sogar über 40 %. Da gibt es fast überall die Möglichkeit, Waldhonig zu ernten. Man ist gut beraten, wenn man selbst die Waldtracht beobachtet und ggf. der zuständigen Waldtrachtbeobachtungsstelle oder deren Obmann seine Erkenntnisse mitteilt. Einzelne Imkerorganisationen, meist Landesverbände, unterhalten für ihre Mitglieder Trachtmeldedienste. Über einen Ansagedienst kann man dabei erfahren, welche Aussichten auf eine Waldtracht in einer bestimmten Waldregion bestehen. Eine wichtige Hilfe und Ergänzung der Trachtbeobachtung ist der Einsatz von Stockwaagen, mit denen man durch Messung der Gewichtszunahmen oder -abnahmen genau feststellen kann, ob eine Tracht gegeben ist. Neuere Stockwaagen, deren Wiegeergebnisse über Handytelefone abgefragt werden können oder bei welchen die Daten auf einen PC übertragen werden, stellen eine große Hilfe zur Beobachtung einer Tracht, fernab des Heimatstandortes, dar.

Wissensfragen

1. Wie tragen die Bienen Nektar in den Stock?
2. Woraus wird Honig erzeugt?
3. Wie hoch etwa ist das Fassungsvermögen der Honigblase der Bienen?
4. Wird Nektar nur in Blüten angeboten?

Honigbereitung und -gewinnung

Nektar und Honigtau wird von den Bienen mit ihrem Saugrüssel (aus Unterkiefern, Maxillen und Zunge geformte Röhre) aufgenommen und in die Honigblase geleitet. Die Honigblase der Bienen, ihr Transportgefäß, ist sehr dehnfähig und kann ca. 60 mm³ aufnehmen. Schon bei der Rohstoffaufnahme beginnt die Honigbereitung durch die Enzymzugabe.

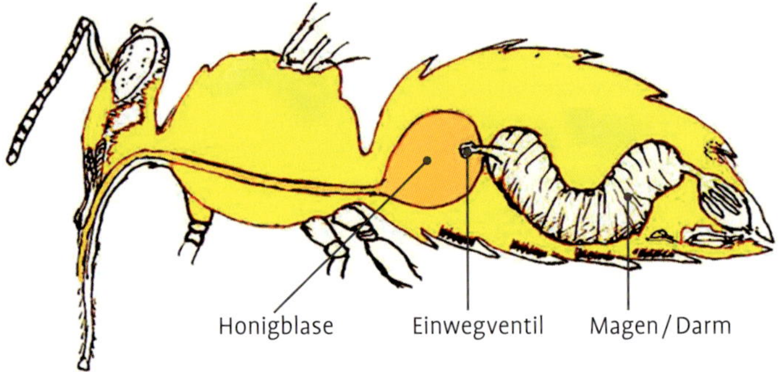

Schnitt durch einen Bienenkörper: Im Abdomen ist die Honigblase dargestellt, sie ist das Transportgefäß für die Bedarfsstoffe Wasser, Nektar und Honigtau. Sie fasst ca. 60 mm³. Ein Ventil vor dem Magen sorgt dafür, dass in die Waben nur Nektar abgegeben wird.

Von der Bereitung des Honigs bis zur Schleuderreife

Das Sammelgut liefern die Flugbienen an die Stockbienen ab. Oder es wird bei guter Tracht in den Wabenzellen im Brutraum zwischengelagert. Größtenteils findet da auch die Honigbereitung statt. Bei der Volkskontrolle fällt es auf, wenn dabei unreifer Honig auf die Schuhe tropft, besonders dann, wenn die Waben schräg oder gar waagrecht neben dem Stock gehalten werden. Kompetent für die Honigbereitung sind die älteren Ammenbienen. Sie bereichern das Sammelgut mit Enzymen, insbesondere Invertase, Diastase und Glucose-Oxidase und auch Katalase und weiteren eventuell weniger bedeutenden Enzymen und leiten mit ihrer perfekten Klimatechnik den Wasserentzug ein. Durch Invertase wird Rohrzucker in Frucht- und Traubenzucker umgewandelt. Diastase baut Stärke in Zucker um. Glucose-Oxidase schützt Honig vor Mikroorganismen. Eine schnelle Verdickung erreichen die Bienen, indem sie die Nektartropfen in der trockenen Stockluft schwenken. Durch die ständige Ventilation wird die feuchte Luft gegen trockene ausgetauscht. Einen besonders effektiven Wasserentzug erreichen sie während kühlerer Nächte.

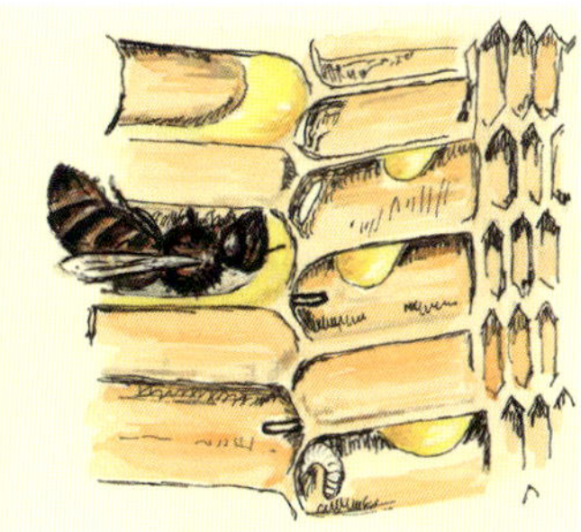

Durch Umtragen werden die Wabenzellen im Brutraum zum Wasserentzug genutzt. Quelle: G. Buck

Honigbereitung in der Endphase. Die Wabenzellen sind schon bis zum Rand gefüllt.

Blick in einen Honigraum mit mehreren verdeckelten Honigwaben.

Da ist die eintretende Luft besonders wasserarm und kann nach Erwärmung in der Stockluft ein Vielfaches an Wasser aufnehmen. Auch häufigeres Umtragen bewirkt einen Wasserentzug.

Erst wenn die Honigbereitung weitestgehend abgeschlossen ist, das heißt der Wassergehalt im Bereich von 18 % liegt, erfolgt die Einlagerung. Um ein Kilogramm Honig zu erzeugen, sammeln die Bienen ungefähr 3 Liter Nektar und es dauert 4 bis 5 Tage, bis der Honig bereitet ist.

Jede Wabenzelle ist ein kleiner separater Honigbehälter, sie werden von den Bienen sorgfältig zur Honigaufnahme vorbereitet. Mit reifem Honig gefüllte Wabenzellen werden verdeckelt. Als Honig-Deckelwachs wird immer neues Wachs verwendet. Deckelwachs enthält Fettsäure. Sie schützt den Vorrat vor Mikroorganismen. Honigvorräte bleiben durch diese Konservierung über Jahre hinweg haltbar.

Spezifisches Gewicht des Honigs

Honig hat ein spezifisches Gewicht von ca. 1,4. Das heißt, dass ein Liter Honig 1,4 kg wiegt. Volle Honigwaben können in den gebräuchlichen Abmessungen etwa 2,0 kg Honig fassen. Ein 10 × 10 cm großes Wabenstück hat bei einer Wabendicke von 25 mm folgendes Fassungsvermögen:

Berechnung des Volumens: $1{,}0 \times 1{,}0 \times 0{,}25 = 0{,}25$ dm^3
Berechnung des Gewichtes: Volumen × Spez. Gewicht = $0{,}25 \times 1{,}4 = 0{,}35$ kg

Abzüglich der Wachsmenge ergibt sich ein Fassungsvermögen von ca. 250 g je dm^2 Wabenfläche. Eine volle Wabe im Zandermaß fasst demnach 8 dm^2 multipliziert mit 250 g = 2 000 g = 2,0 kg. Eine volle Wabe im DN-Maß fasst ca. 1,75 kg. Üblicherweise werden zur Honigspeicherung im Volk Wabenrahmen mit Mittelwänden verwendet. Sie sind zusammen mit dem Wabendraht stabil. Manchmal führt man die Völker auch im Naturwabenbau. Das heißt, die Bienen bauen ohne Mittelwand. Diese

Waben sind, wenn sie in gedrahteten Rähmchen errichtet wurden, ebenfalls stabil. Für einen solchen Naturwabenbau benötigen die Bienen für 1 dm^2 Wabenfläche 12 bis 15 g Wachs. Man könnte jetzt meinen, dies würde den Honigertrag schmälern. Bei guter Nahrungsversorgung der Bienen werden ihre Wachsdrüsen aktiviert, der Honigertrag wird dadurch nicht merklich beeinträchtigt.

Reife des Honigs

Im Allgemeinen wird geschleudert, wenn zwei Drittel der Honigwaben verdeckelt sind. Zur Reifebestimmung des Honigs, der noch nicht verdeckelt ist, machen wir eine Spritzprobe oder Stoßprobe.

Die Stoßprobe: Auch wenn nur wenig Honig herausspritzt, fehlt es an Reife.

So sollten schleuderreife Waben aussehen.

Spritzt oder tropft Honig beim Abstoßen der Bienen aus der Wabe, ist der Wassergehalt noch zu hoch. Dann muss die Wabe wieder zurück ins Volk und man muss noch etwas abwarten. An Tagen mit Tracht befindet sich abends immer auch unreifer Honig in den offenen Honigzellen. Grundsätzlich sollte man die Honigwabenentnahme auf den frühen Morgen einplanen. Nach einem oder mehreren Tagen ohne Tracht ist der Honig auch stärker eingedickt. Bei günstigen Bedingungen können wir Honig mit 16,0 bis 16,5 % Wassergehalt schleudern. Wird Honig unter dem Label des D.I.B. vermarktet, darf der Wassergehalt höchstens 18 % betragen.

Die vollständige Verdeckelung der Honigwaben gilt üblicherweise als deutliches Zeichen der Reife des Honigs. Weil es für die Bienen bei einer Massentracht und feuchtwarmer Witterung äußerst schwierig ist, den Wassergehalt auf den gewünschten Wert zu reduzieren, sollte man bei solchen Witterungs- und Trachtgegebenheiten den Wassergehalt mit einem Refraktometer messen. Denn es ist möglich, dass auch Honig mit einem Wassergehalt von 18,5 oder gar 19 % verdeckelt wird. In so einer Situation sollte man noch weitere trachtlose Tage abwarten, damit der nicht verdeckelte Honig noch reifen kann.

HONIG MIT ZU HOHEM WASSERGEHALT

Unreifer Honig hat die Eigenschaft, dass er schnell vom Löffel oder Brot läuft und weder Lager- noch Verkehrsfähig ist. Ursache ist, dass man sich bei der Reifeprüfung vertan hat. Er kann lediglich selbst verbraucht werden. Durch Verbrauchen oder Kühlung kann man ihn vor dem Verderben bewahren.

Beim Aufbewahren so eines Honigs könnte es schwierig werden, denn sobald er Kristalle bildet, können osmophile Hefen aktiv werden. Osmophile Hefen sind zuckerliebende Hefen, sie wandeln Zucker in (geringe Mengen) Alkohol um. Dabei entstehen die typisch gärigen Aromastoffe, der Honig riecht und schmeckt dann säuerlich bis widerlich sauer. Er verdirbt dabei.

Einflussfaktoren auf die Höhe des Wassergehalts

In der Praxis gibt es immer wieder Klagen über einen zu hohen Wassergehalt im geschleuderten Honig. Zur Vorbeugung sollte der gegebene Raum nicht zu üppig bemessen werden. Es sollte auch eine gute Besiedelung der Honigwaben gegeben sein. Nun ist die Raumbemessung eine zweischneidige Angelegenheit. Zu wenig Raum fördert das Schwärmen, zu viel Raum kann den Wassergehalt im Honig erhöhen. Es gibt aber einen deutlichen Zusammenhang zwischen Wassergehalt und Besiedelungsdichte des Honigraumes. Mindestens 500 bis 800 oder mehr Bienen pro Wabe sollen es im Honigraum sein. Eine zu geringe Besiedelungsdichte ergibt jedenfalls einen dünneren Honig in den Randwaben. Ganz extrem wird es bei einem Schwarmabgang und halb gefülltem Honigraum. In dieser Situation

Honigwabe aus einer Flachzarge.

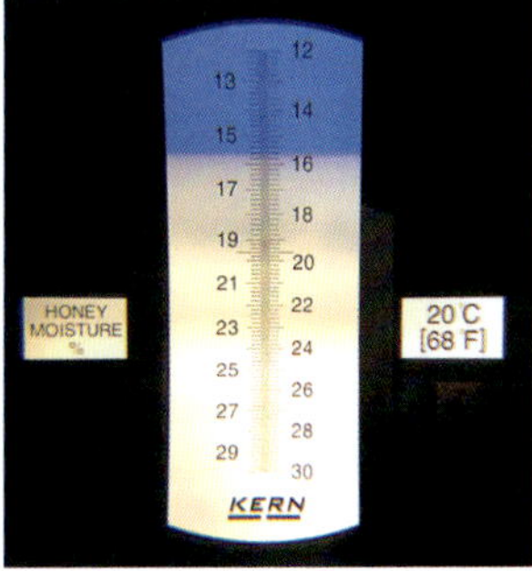

Skala eines Honigrefraktometers. Es werden weniger als 16 % Wassergehalt angezeigt: Ein Zeichen für sehr gute Qualität.

gibt es keine Honigreifung mehr, zudem können die unbesiedelten Waben des Honigraumes nachts sogar noch Wasser ziehen. Ein anderes Beispiel ist die Verwendung von Dickwaben, bei denen es häufig Honig mit höherem Wassergehalt gibt. Auch die Abdeckung der Honigraumwaben scheint einen Einfluss zu haben. Vor der Einführung der Folienabdeckung verwendete man Leinentücher, wodurch sicherlich eine bessere Belüftung möglich war. Auch eine perforierte Folie könnte helfen. Einen ähnlichen Effekt wie Leinentücher hat auch Propolisgaze zur Abdeckung. Außer Acht lassen darf man keinesfalls den Standort. Er muss jedenfalls trocken und auch zu einem Teil des Tages sonnenbeschienen sein. Die Verwendung von Flachzargen kann sich günstig auswirken, weil das jeweilige Erweiterungsvolumen kleiner ist.

Gewinnung des Honigs

Es ist so weit, der Honig ist reif, wir können schleudern! Dazu müssen die Waben aus dem Volk genommen und von Bienen befreit werden.

Vorbereitungen zur Honigwabenentnahme

Es gibt mehrere Methoden. Mit der Besenmethode ist man flexibel und kann sich kurzfristig entscheiden, wann die Honigwaben aus dem Volk geholt werden. Verwendet man eine Bienenflucht, sollte man diese ca. 24 Stunden vor der Wabenentnahme einlegen. Insgesamt sollte man die Honigwabenentnahme so organisieren, dass die noch stockwarmen Waben zum Schleudern kommen.

BESENMETHODE

Zur Aufnahme der Honigwaben wird ein sauberes leeres Magazin mit einem geschlossenen Boden und einem Deckel bereitgestellt. Wenn man bequem vorgehen will, stellt man noch einen Hobbock oder einen anderen Behälter zur vorübergehenden Aufnahme der Bienen bereit. Auch den Abkehrbesen waschen und trocknen wir vorher.

Dann kann es losgehen. Zur Honigwabenentnahme darf nur nach Gefühl Rauch gegeben werden, denn Honig kann von zu viel Rauch schnell einen Fremdgeruch bekommen. Außerdem kann bei starken Rauchgaben auch Ruß auf die Waben kommen, was man unbedingt vermeiden muss. Gelegentlich werden auch Wasserzerstäuber verwendet, um die Bienen zurückzudrängen, darauf muss man jedoch bei der Honigwabenentnahme verzichten. Wir lösen die erste Wabe und stoßen die Bienen in den bereit gestellten Behälter (Hobbock oder saubere Schachtel), die noch ansitzenden Bienen werden abgefegt; Wabe für Wabe. Hat man zwei Honigräume, werden auch dort die reifen Honigwaben entnommen, sie werden in dem zuerst leer geräumten Magazin verstaut.

Gleich nach der Honigwabenentnahme können wieder Leerwaben eingehängt werden. Voraussetzung ist ein entsprechender Wabenvorrat. Verwendet man einen Sammelbehälter zur Aufnahme der Bienen, können diese im nächsten Schritt des gesamten Arbeitsganges zurückgegeben werden.

Abkehren der Bienen von den Honigwaben.

Mit dem Kehrfix werden die Waben zwischen den befestigten Besen hin und her bewegt. Die abgekehrten Bienen fallen in einen darunter stehenden Behälter.

Ansonsten erfolgt die Wabenrückgabe nach der Schleuderung. Solange die Honigwaben beim Schleudern sind, wird dem Volk eine Zarge mit ein oder zwei Mittelwänden gegeben, damit sich die Bienen darin aufketten können. Die Rückgabe frisch geschleuderter Waben löst besonders bei Trachtlosigkeit oder Läppertracht eine starke Unruhe (Suchaktivität) aus. Es könnte zur Räuberei kommen. Deshalb besorgt man dies am besten gegen Abend zügig bei allen Völkern.

Wichtig ist auch, dass die Gelegenheit des Schleuderns genutzt wird, um überbreite Waben zurechtschneiden. Dazu gehört auch das Abschneiden des Überbaues an den Wabenrahmen. Diese Maßnahmen erleichtern das gesamte Wabenhandling.

BIENENFLUCHT

Als Bienenflucht bezeichnet man ein Schiedbrett, das mit einem technischen Hilfsmittel versehen ist. Es wird zwischen den Brut- und Honigraum, anstelle des Absperrgitters, eingelegt. Die Bienen des Honigraumes fühlen sich nach wenigen Stunden weisellos und verlassen durch das eigentliche Gerät hindurch die Honigwaben, um zum Volksteil mit der Königin zu gelangen. Nach etwa 24 Stunden sind die Honigwaben weitestgehend bienenfrei. Sollte sich eine Königin im Honigraum befinden oder Waben mit Brut dort vorhanden sein, verlassen die Bienen die Waben des Honigraumes nicht oder nur zu einem Teil.

Schiedbrett mit Bohrung zur Aufnahme der Bienenflucht.

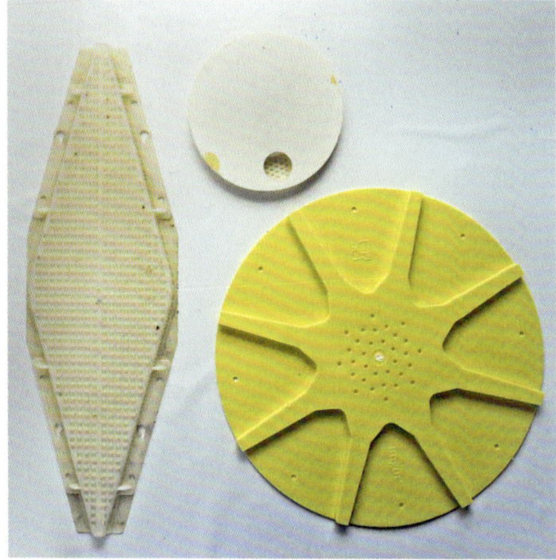

Drei verschiedene Bienenfluchten.

Will man die Bienenflucht einlegen, muss man dazu die schweren Zargen erst einmal abheben, bevor man das Schiedbrett auf den Brutraum auflegen kann, um dann die Zarge wieder aufzusetzen. Beim Einsatz einer Bienenflucht muss man die eventuelle Ersparnis mit dem zu leistenden Aufwand zuerst vergleichen. Wenn man für den Einsatz der Bienenfluchten weite Anfahrtswege hat, ist die Besenmethode vorzuziehen. Beim Abräumen der Völker, besonders wenn nur noch geringe Tracht vorherrscht, ist die Bienenflucht vorzuziehen.

Bei der Funktionsweise der verschiedenen Bienenfluchten gibt es bei den im Handel angebotenen Hilfsmitteln keine nennenswerten Unterschiede.

REPELLENTSTOFFE

Ein Repellent ist ein Wirkstoff, der von einem Organismus wahrgenommen wird und ihn vertreibt, ohne ihn zu töten.

Repellentstoffe, mit denen man die Bienen auch aus dem Honigraum vertreiben kann, sollte man keinesfalls verwenden. Bekannt ist beispielsweise der Karbollappen (und auch die Rückstände davon in den Importhonigen). Auch andere Stoffe sollte man nicht nehmen, selbst wenn sie sehr natürlich klingen wie etwa ein Öltuch, das das Öl der Gewürznelke enthält. Man braucht sie nicht, denn es gibt genug andere Hilfsmittel.

BEEBLOWER (ELEKTRISCHES GEBLÄSE)

Bei dieser Methode werden die Bienen aus den Wabengassen geblasen. In der Regel sind junge Bienen mit der Honigbereitung beschäftigt. Die meisten werden den Orientierungsflug gemacht haben und finden danach wieder den Weg zum Volk. Am besten ist diese Vorgehensweise bei flachen Waben geeignet.

Beeblower – mit einem Gebläse werden die Bienen aus den Wabengassen geblasen.

Ausrüstung zur Honiggewinnung

Zur Honiggewinnung benötigt man ein Entdecklungsgeschirr, eine Entdecklungsgabel, eine Schleuder, ein Honigsieb und einen Siebkübel. Im Fachhandel werden Geräte für jede Betriebsgröße angeboten.

Entdeckelungsgeschirr

Das Entdeckelungsgeschirr dient der Aufnahme der Honigwaben zur Entdeckelung. Austropfender Honig wird von der dazugehörenden Wanne aufgefangen, darin streift man auch das abgenommene Deckelwachs ab. Zur Entdeckelung der Honigwaben werden häufig Entdecklungsgabeln verwendet. Es gibt verschiedene Ausführungen, man muss selbst ausprobieren, welcher Typ den persönlichen Anforderungen gerecht wird. Zum Sieben des Honigs besorgt man sich für den Anfang ein kugelförmiges Doppelsieb, es kann auf alle Honigeimer aufgelegt werden.

Eine Auswahl von verschiedenen Entdeckelungsgabeln.

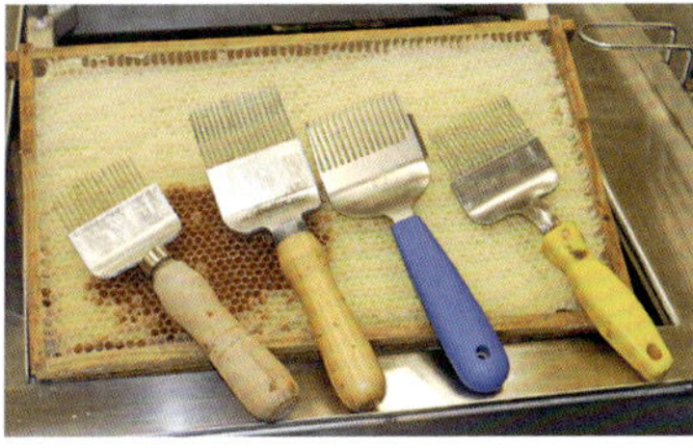

Entdeckelungsgeschirr mit Honigwabe.

Honigschleudern – radial oder tangential?

Die Größe und Technik der Honigschleuder wählt man entsprechend der Völkerzahl und der zu gewinnenden Honigmenge aus. Mit einer Drei- oder Vier-Waben-Tangentialschleuder mit Handantrieb ist man für den Anfang gut ausgerüstet.

Eine Vier-Waben-Tangentialschleuder mit Handantrieb.

Radialschleuder.

Quelle: Klaus Nowottnick

Wird die Imkerei ausgebaut, kann man je nach Bedarf aufstocken. Die meisten Schleudern können mit einem Elektroantrieb oder einem Selbstwendekorb nachgerüstet werden. Edelstahlschleudern verlieren bei sorgfältiger Behandlung nicht an Wert, man kann sie deshalb meist zum Einstandspreis auch wieder verkaufen. Bei der Schleudertechnik unterscheidet man Tangential- und Radialschleudern. In der Tangentialschleuder entleert sich immer nur eine, die außenliegende, Wabenseite. Daher muss man die Waben von Hand oder in der Selbstwendeschleuder automatisch mehrmals wenden. In der Radialschleuder werden die Honigwaben sternförmig zur Mittelachse eingestellt. Bei dieser Technik entleeren sich beide Wabenseiten gleichzeitig. Radialschleudern arbeiten nur zufriedenstellend, wenn sie einen großen Durchmesser haben, nur dann sind die Fliehkräfte des äußeren und inneren Wabenbereiches nicht zu unterschiedlich. Ist zu erwarten, dass auch Heide- oder Melezitosehonig geschleudert werden soll, dann sollte man sich jedenfalls für eine Tangentialschleuder entscheiden.

EIGENE SCHLEUDER KAUFEN ODER IN DER GEMEINSCHAFT SCHLEUDERN?

Anfänglich stellt sich auch die Frage, ob man ggf. eine Schleuder ausleihen oder ob man die Honigwaben bei Imkerkollegen schleudern kann. Es gibt auch Schleudergemeinschaften. Aber das muss man vor Ort entscheiden, weil es ganz unterschiedliche Organisationen gibt. Leihen ist insofern schwierig, weil die Schleudertermine in einer Gegend ziemlich gleichzeitig zustande kommen und es dann schnell zu

Engpässen kommt. Für den Kauf einer eigenen Schleuder spricht insbesondere die Unabhängigkeit.

Mitentscheidend für die Anschaffung ist ebenfalls, ob genug Platz zum Aufbewahren vorhanden ist und auch wie viele Völker künftig gehalten werden sollen.

Abläufe bei der Gewinnung des Honigs

Der Ablauf des Schleuderns sollte gut geplant werden. Schließlich müssen der zu nutzende Raum, die Entdecklungsgeräte, die Schleuder mit Unterstellkanne und das Doppelsieb gereinigt bereitstehen. Auch die schleuderreifen Waben müssen zum Schleuderraum gebracht werden. Nach dem Schleudern und Sieben des Honigs muss er sich klären. Dazu sollte er in einem temperierten Raum stehen, welcher während dieser Zeit nicht anderweitig mit geruchsbildenden Tätigkeiten genutzt werden sollte.

Entdeckeln der Honigwaben

Deckelwachs ist wegen seiner Reinheit und seiner Inhaltsstoffe das wertvollste Wachs, das man mit den Bienen gewinnen kann.

DECKELWACHS – AUCH ALS KAUWACHS SEHR WERTVOLL

Deckelwachs wird auch als Kauwachs verwendet. Beim Entdeckeln ist man direkt an der Quelle. Da bekommt man das volle Aroma des frischen Hongs zu spüren und es schmeckt einfach lecker. Der anhaftende Honig enthält neben anderen Enzymen auch Glucose-Oxidase, welches eine antibakterielle Wirkung hat. Zudem beinhaltet das Wachs eine Fettsäure, die den Bienen zur Konservierung ihrer Vorräte und zum Schutz vor Mikroorganismen dient. Kauen allein bewirkt einen verstärkten Speichelfluss. Die Inhaltsstoffe im Deckelwachs haben eine erkältungslindernde Mehrfachwirkung. Weil Grippe- und Hustenzeit auf jeden Fall kommen, sollte man von dem Deckelwachs auch etwas in Gläser füllen und am besten mit bisschen Honig übergießen. Bei Erkältungen wird das Kauen des Deckelwachses wertvolle Dienste tun.

WERKZEUGE FÜR DIE ENTDECKELUNG

Zur Entdeckelung der Honigwaben werden Entdecklungsgabeln, elektrisch beheizte Messer, elektrisch beheizte Hobel oder auch Heißluftgeräte verwendet. Das gebräuchlichste Werkzeug ist die Entdecklungsgabel. Die Handhabung ist einfach, man kann schnell damit umgehen.

Entdeckeln mit der Gabel.

Um mit dem elektrisch beheizten Messer zu arbeiten, ist schon etwas Übung erforderlich. Die Verwendung kann man deshalb nur empfehlen, wenn mehrere Hundert Waben entdeckelt werden müssen. Bei der Messerentdeckelung wird auch ein Teil der Honigzellen abgeschnitten, hierbei enthält das Deckelwachs etwas mehr Honig. In großen Imkereien werden Zentrifugen verwendet, um den Honig daraus zu gewinnen. In mittleren Imkereien wird das Wachs in Taschen aus Kunststoffgaze oder ein Edelstahllochblech gefüllt, in die Schleuder eingehängt und bei hoher Drehzahl geschleudert, wodurch man relativ trockenes Wachs erhält.

Entdeckeln mit Heißluft.
Quelle: Armin Spürgin

Entdeckeln mit dem elektrisch beheizten Messer.

Bei der Heißluftentdeckelung kann man kein Deckelwachs gewinnen.
Quelle: Armin Spürgin

Verwendet man Gasbrenner oder elektrische Heissluftgeräte, um die Zelldeckel abzuschmelzen, kann man kein Deckelwachs gewinnen. Auch wird der Honig völlig unnötigerweise erwärmt. Beim Abschmelzen muss man die Augen vor abspritzendem Wachs schützen und den Entdeckelungsplatz abschirmen. Die Zelldeckel schmelzen auch nur bei hellen Waben mit heller Verdeckelung ab.

In großen Imkereien werden im Zusammenhang mit den Schleuderstraßen auch Entdeckelungsmaschinen verwendet. Sie arbeiten fast immer mit heißen Messern. Meistens wird das abgeschnittene Wachs mit Honig sofort gepresst. Der gewonnene Honig fließt zum Schleuderhonig, das Wachs ist weitestgehend trocken und kommt zur Weiterverarbeitung.

VERWERTUNG DES DECKELWACHSES

In kleineren Imkereien lässt man die Bienen den Honig aus dem Wachs ziehen. Dafür wird es in einer dünnen Schicht (ca. 1 cm dick) in einen Trog oder einen sonstigen flachen Behälter gegeben, den wir einem Volk in einer leeren Zarge auf einer zurückgeschlagenen Folie anbieten. Wird der Honig ausgesogen, kann man das trockene Wachs im Sonnenwachsschmelzer zu einem goldgelben Wachsbarren schmelzen.

Man kann das Deckelwachs auch in Wasser auswaschen, danach muss man es trocknen, oder man gibt es gleich nach dem Abtropfen in den Sonnenwachsschmelzer. Feuchtes Wachs würde schimmeln. Das Honigwasser reichert man mit Zucker an und verwendet es raschestmöglich zur Fütterung.

Hat man ein größeres Deckelwachsaufkommen, wird es samt dem anhaftenden Honig in Schmelzapparaten gewonnen, das Wachs schwimmt dabei oben auf und dient gewissermaßen als Wärmeschutz für den darunterliegenden Honig. Dieser wird mehrmals abgelassen.

Auch Auswaschen kommt bei größeren Mengen infrage. Man verwendet das Honigwasser zur Metbereitung oder verfüttert es schnellstmöglich.

Wird Deckelwachs mit dem anhaftenden Honig in den Sonnenwachsschmelzer gegeben, färbt sich der Honig in der starken Hitze dunkel und es bildet sich HMF (Hydroxymethylfurfural). Er wird dadurch unbrauchbar.
Keinesfalls darf das Deckelwachs den Bienen offen zum Ausschlecken angeboten werden. In trachtarmer Zeit würde dies eine sehr starke Unruhe und möglicherweise Räuberei auslösen.

Bezeichnung des Honigs nach der Gewinnungsart

Honig wird auch nach seiner Gewinnungsart unterschieden. Sicherlich werden mehr als 95 % des Honigs durch Schleudern gewonnen. Daneben gibt es Presshonig, Tropfhonig, Scheibenhonig oder Honig mit Wabenteilen.

PRESSHONIG UND TROPFHONIG

Außer durch Schleudern kann Honig durch Pressen oder auch durch Austropfen gewonnen werden. Diese Gewinnungsart wird gewählt, wenn sich das Erntegut in einer nicht fließfähigen Konsistenz befindet oder/und sich in instabilen Waben oder Waben ohne Rahmen befindet. Insbesondere bei der klassischen Korbbienenhaltung werden bei Trachtende die gefüllten Waben aus den Körben geschnitten. Der Heidehonig wird wegen der Instabilität der Wabenstücke und der geleeartigen Konsistenz ausgepresst. Ebenso ist es auch möglich, den nicht schleuderbaren Melezitosehonig zu gewinnen. Es werden Pressen ähnlich den Obstpressen und Presstücher wie bei der Fruchtsaftgewinnung verwendet, worin die Wabenstücke eingeschlagen werden. Durch diese Gewinnungsart bekommt der gewonnene Honig auch einen größeren Pollengehalt. Pressen sind für jede Bedarfsgröße erhältlich.

Bei Honig, der sich in instabilen Waben befindet, wie z. B. bei den Waben der Top Bar Hives oder der Bienenkiste, werden die gefüllten Waben ab- oder herausgeschnitten und der Honig als Presshonig oder als Tropfhonig gewonnen. Zur Gewinnung des Tropfhonigs werden die Honigwabenstücke auf Honigsiebe gelegt und zerkleinert. Das Zerkleinern wird mehrere Male wiederholt. So kann der fließfähige Honig in der Unterstellkanne gesammelt werden.

Das Schleudern

Im Schleuderraum oder einem dafür geeigneten und „fallweise genutzten" Raum werden oder sind alle Voraussetzungen zur fachgerechten Honiggewinnung geschaffen.

DER SCHLEUDERRAUM

Boden, Decke, Wände und Abstellflächen sind gereinigt und müssen den Lebensmittelhygieneanforderungen (LMHV) entsprechen. Der Schleuderraum ist auf ca. 20 bis 25 °C temperiert. Diese Temperatur ist für ein reibungsloses Fließ-, Sieb- und Klärverhalten des Honigs nötig. Der Raum soll so beschaffen sein, dass der Honig nicht beeinträchtigt (verunreinigt) wird und während des Schleudervorgangs soll der Zuflug von Bienen und anderen Insekten verhindert werden.

ZWISCHENLAGERN DER HONIGWABEN

Am besten ist es, wenn die noch stockwarmen Waben geschleudert werden können. Sollten die oder ein Teil der zu schleudernden Honigwaben schon früher (ein oder mehrere Tage) aus den Völkern genommen werden, so werden sie üblicherweise im Schleuderraum zwischengelagert. Dabei ist genauestens darauf zu achten, dass der Honig kein Wasser aus der Raumluft ziehen kann. Am besten wird der Raum in diesem Fall schon vor der Zwischenlagerung entsprechend temperiert und die Luftfeuchtigkeit überprüft. Manchmal werden dafür Entfeuchtungsgeräte benutzt (siehe S. 35).

DER SCHLEUDERVORGANG

Wir haben nun alles vorbereitet, die Geräte sind sauber, die Schleuder, das Entdeckelungsgeschirr, das Doppelsieb und der Siebkübel und die vollen Honigwaben

Schleuder mit Unterstellkanne und Doppelsieb.

stehen bereit. Auch wir haben uns mit sauberer Kleidung und Kopfbedeckung zum Schleudern hergerichtet.

Es kann losgehen! Die Entdeckelung wird vorgenommen und Wabe für Wabe in die Schleuder gestellt. Jetzt wird der Schleuderkorb in Bewegung gebracht. Es wird an der Kurbel gedreht, es regnet! – man hört den Honig an den Schleuderkessel klatschen. Bald muss man anhalten, sonst drückt das Honiggewicht der innen liegenden Wabenseite die außen liegende zu sehr in das Gitter des Schleuderkorbes. Die Waben werden gewendet und weiter geht es. Noch zweimal werden die Waben gewendet und jeweils wird der Schleuderkorb in Drehung gebracht und die Drehzahl erhöht – fertig! Der erste Honig fließt aus der Schleuder in das Doppelsieb in den Honigeimer. Am besten gleich probieren, wie der Neue schmeckt, das ist in Ordnung, aber ein Honigbrot darf man im Schleuderraum nicht streichen. Am Fließverhalten kann man nun auch schon die Qualität erkennen. Honig mit relativ hohem Wassergehalt fließt schnell durch das Sieb, zäher Honig schichtet sich auf.

WIE OFT WIRD GESCHLEUDERT?

Es ist durchaus möglich, mehrmals im Jahr Honig zu schleudern. Dies hängt sehr von der Tracht und der Reife des Honigs ab. Bereiten die Bienen eine oder zwei Zargen mit reifem Honig aus dem Stein- und Kernobst zusammen mit der Wiesenblüte, wird man diesen Honig gewinnen. Bereiten sie danach oder zuvor eine entsprechende Menge reifen Honigs aus der Rapsblüte, wird man auch davon schleudern. Es kann Schleuderungen aus der Ahorn- und Himbeerblüte, von Edelkastanien, Akazien oder Linden, vom Wald oder den Tannen, den Klee- oder den Heideblüten geben. Entscheidend für eine Schleuderung sind die jeweilige Reife und die bereitete Menge Honig.

Sieben des Honigs

Zur Gewinnung von Qualitätshonig gehört das Sieben. Üblicherweise werden Doppelsiebe mit einem Grob- und einem Feinsieb verwendet.

Passiert der Honig beide Siebe, enthält er jedenfalls nur noch sehr kleine Wachspartikel. Diese kommen durch die Auftriebskräfte, wenn der Honig etwas temperiert auf 20 bis 25 °C steht, nach oben und können durch Abschäumen entfernt werden. Verfährt man so, dann hat man schon bald einen sauberen verkehrsfähigen Honig.

Sieben im Doppelsieb.

Die Siebe verstopfen, wenn man sie nicht regelmäßig reinigt. Das kugelförmige Sieb wird mit dem Teigschaber von Wachspartikeln befreit.

Nicht gesiebter Honig – es dürfen keine organischen und anorganischen Verunreinigungen vorhanden sein.

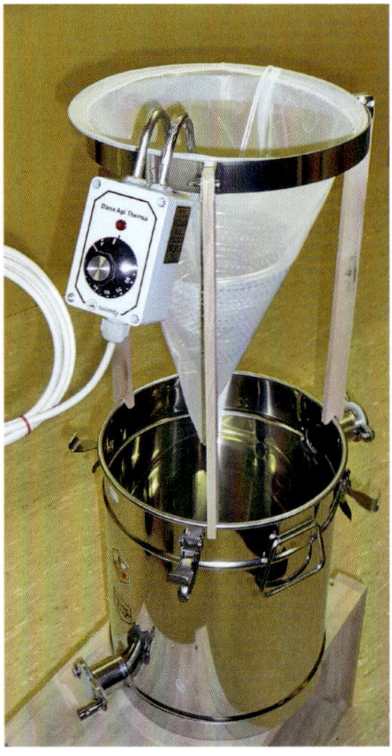

Spitzsieb mit Holzstativ und Heizung.

SPITZSIEBE

Eine andere Variante ist die Vorreinigung mit einem Grobsieb. Zur weiteren Reinigung werden dann Spitzsiebe verwendet, sie haben meistens eine Maschenweite von 0,35 mm, Feinstsiebe 0,2 mm, manchmal sogar nur 0,18 mm. Dieses Feinstsieb kann dann auch das spätere Abschäumen ersparen. Wird ein Holzstativ für das Spitzsieb verwendet, ist eine sehr vorsichtige Arbeitsweise notwendig. Man darf nicht anstoßen und in dem Raum sollte die Betriebsamkeit eingeschränkt werden, damit Staub oder Fusseln nicht in den Honig gelangen.

SIEBBEHÄLTER

Bei einer weiteren Variante kommt ein kompletter Siebbehälter zum Einsatz. Seine Besonderheit: Ein Feinfiltersieb befindet sich im Siebbehälter, dieser hat einen unteren und einen oberen Ablasshahn. Der zu siebende Honig wird in das Feinfiltersieb gefüllt. Erst wenn der Siebbehälter bis zum oberen Hahn gefüllt ist, wird Honig in (kleine) (Lager-)Behälter gefüllt. Der Hauptsiebvorgang erfolgt durch Schwerkraft. Die leichteren Verunreinigungen steigen nach oben, schwerere fallen zum Boden. Das verhindert das Verstopfen der feinen Maschen weitestgehend.

Bei einem Dauereinsatz kann man das aufschwimmende Wachs herausschöpfen. Erst nach Beendigung der Schleuderung wird der Honig durch den unteren Ablasshahn weiterverarbeitet. Durch diese Methoden hat man üblicherweise ein sauberes Produkt.

Unzureichend ist die Honigreinigung, wenn sie lediglich durch Klären erfolgen soll! Bei dieser Methode kann man zwar die aufschwimmenden Wachsteile abschöpfen, Verunreinigungen wie Metallteile oder Sand etc. bekommt man damit aber nicht aus dem Honig. Ungesiebter, nicht von organischen oder anorganischen Verunreinigungen befreiter Honig kann und darf nicht an den Verbraucher abgegeben werden. Seine weitere Verarbeitung, das Verflüssigen und Abfüllen, wird schwieriger!

EINSATZ DES MELITHERMS ODER DANA API MEGATHERMA

Werden größere Mengen Honig gewonnen und der Siebvorgang hemmt den Ablauf, kann das Sieben auch in zwei Schritten erfolgen. Der geschleuderte Honig durchläuft lediglich ein Vorfilter (Grobsieb) mit ca. 2 bis 3 mm Maschenweite. Anschließend, oder wenn es zeitlich möglich ist, erfolgt der Feinsiebvorgang im Melitherm oder Dana api Megatherma. Der Honig wird dabei ggf. verflüssigt und gereinigt. Beide Geräte verwenden ein sehr feinmaschiges Perlon-Seihtuch, es kann dadurch auf Abschäumen verzichtet werden.

Der Honig hat Verunreinigungen (Wachspartikel).

Wissensfragen

1. Woraus wird Waldhonig bereitet?
2. Was bewirken die Enzyme?
3. Worauf ist zu achten, damit man einen wasserarmen Honig bekommt?
4. Wann können einem Bienenvolk Honigwaben entnommen werden?
5. Wie bekommt man die Waben frei von ansitzenden Bienen?
6. Wie kann der Honig des Deckelwachses verwertet werden?
7. Wie schützen die Bienen ihren Honig vor Mikroorganismen?
8. Wann wird Honig gesiebt?
9. Welche Honiggewinnungsmethoden außer Schleudern gibt es?

Weiterverarbeitung des Honigs

Grundvoraussetzung für das Gewinnen des Honigs und dessen Weiterverarbeitung war schon immer die Beherrschung einer guten fachlichen Praxis.

Lebensmittelhygiene in der Imkerei

Mit der Lebensmittelhygieneverordnung (LMHV) EG-Verordnung 852/2004 wird eine gute Hygienepraxis gesetzlich eingefordert. Anwendung findet die LMHV bei jeglichem gewerbsmäßigen Herstellen, Behandeln oder In-Verkehr-Bringen von Lebensmitteln.

EG-Verordnung 852/2004 Lebensmittelhygiene

Honig macht hier keine Ausnahme, wenn dieser in Verkehr gebracht, also verkauft oder verschenkt, wird. Diese Verordnung gilt nicht, wenn der Honig und die anderen imkerlichen Erzeugnisse ausschließlich vom Erzeuger verzehrt werden.

Auf Milch, Fleisch, Eiern können sich ohne entsprechende Vorsorge schnell Bakterien ansiedeln und diese Lebensmittel verderben. Beim Verzehr verdorbener Lebensmittel besteht eine große Gefahr, an Infektionen bis hin zu Lebensmittelvergiftungen zu erkranken. Ihrer befristeten Haltbarkeit muss deshalb durch entsprechende angepasste Lagerfristen und Lagerbedingungen bzw. durch thermische Behandlungen Rechnung getragen werden.

Honig ist etwas völlig anderes. Er ist sehr lange haltbar und ist ein wenig verderbliches Lebensmittel. Er beinhaltet sogar Stoffe, die die Entwicklung von Bakterien hemmen. Aber auch bei Honig, seiner Gewinnung und Bearbeitung müssen Hygieneregeln beachtet und eingehalten werden, um dem Verbraucher ein sauberes und appetitliches Nahrungsmittel liefern zu können.

ANFORDERUNGEN DER LMHV

Die Hygieneverordnung stellt Anforderungen an:

- die Betriebshygiene,
- die Arbeitsräume,
- die Geräte,
- persönliche Hygiene und
- die Gefahrenanalyse und die Gefahrenabwehr.

Jeder, der Lebensmittel für andere herstellt, zubereitet oder in Verkehr bringt, trägt auch die Verantwortung für das von ihm angebotene Lebensmittel. Es müssen regelmäßige Hygieneschulungen durchgeführt oder besucht werden. Ziel des gesamten Betriebes ist es, qualitativ hochwertige Nahrungsmittel zu erzeugen.

ANFORDERUNGEN AN RÄUME

Räume, die zur Honiggewinnung, Bearbeitung und Abfüllung genutzt werden, müssen dafür geeignet und entsprechend beschaffen sein. Es sollte sich um einen trockenen Raum mit höchstens 55 % Luftfeuchtigkeit handeln. Man misst mit einem Hygrometer oder legt ein Stück Brot in den Raum. Ist es nach einem Tag trocken und hart, handelt es sich um einen trockenen Raum.

Damit der Honig gut fließt, muss die Raumluft auf die Schleudertemperatur von 20 bis 25 °C beheizt werden können. Es werden Anforderungen an den Boden, die Decke und die Wände gestellt. Für Böden und Wände werden heute anstelle der Fliesen versiegelte glatte Materialien verwendet. Sie sind eindeutig leichter abzuwaschen und hygienisch unproblematischer gegenüber Fliesen, weil es dabei keine Fugen gibt. Die Türen und Fenster sowie die Abstellflächen und Oberflächen von Einrichtungen müssen abwaschbar und sauber sein.

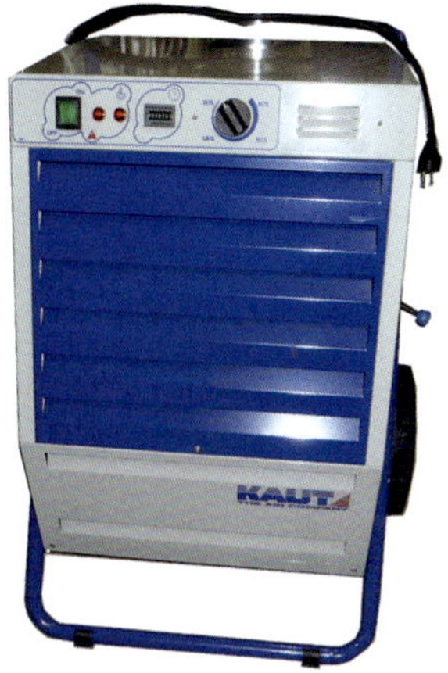

Ein Luftentfeuchtungsgerät verhindert, dass Honig im Schleuderraum Wasser aus der Umgebungsluft ziehen kann.

Auch müssen gute Lichtverhältnisse vorherrschen und die Räume belüftet werden können. Ferner müssen Bienen und andere (Süßes liebende) Insekten ferngehalten werden können, eventuell sind Fliegengitter anzubringen. Bei ebenerdiger Lage des Raumes darf man auch Ameisen keinen Anlass geben, den Weg zum Honig zu finden. Im Raum selbst, mindestens aber in der Nähe, muss sich eine Handwaschgelegenheit mit Seifenspender und Einmalhandtüchern befinden.

Schleuderräume werden üblicherweise nur über einen Zeitraum von ungefähr 3 Monaten im Jahr genutzt und auch in dieser Zeit meist nur zeitweilig. Sie werden vor Schleuderbeginn gereinigt und hergerichtet.

DIE LMHV GILT AUCH BEI GERINGEN VÖLKERZAHLEN.

Werden 5 bis 10 Völker gehalten, dient meist ein Hobbyraum oder ein Teil der Garage als Werkstatt. Dieser Raum wird dann oft auch als Vielzweck-Lagerraum genutzt, nicht jedoch zum Schleudern und nicht zur Honigbearbeitung.

FALLWEISE NUTZUNG GEEIGNETER RÄUME

Wird die Honigbearbeitung in sonst privat genutzten Räumen, der Küche oder Waschküche vorgenommen, greift auch hier die LMHV. Das heißt, die Räume müssen für diese „fallweise Nutzung" hergerichtet und gereinigt werden. Die Räume und Einrichtungen müssen dabei den Anforderungen, die an einen Schleuderraum gestellt werden, entsprechen. Während der Honigbearbeitung dürfen die hergerichteten Räume nicht zum Kochen, Backen, Waschen oder für andere Arbeiten genutzt werden. Haustiere müssen ab der Reinigung bis zum Abschluss der Arbeiten ferngehalten werden.

Bei einem Bestand von 20 bis 50 oder mehr Völkern sind Gewinnung, Bearbeitung und Abfüllung des Honigs schon aufwendiger. Je nach Vermarktungsart wird dabei an einem oder sogar an zwei Tagen je Woche Honig bearbeitet und abgefüllt. Bei dieser Betriebsgröße kommt man nicht umhin, spezielle Räume für den jeweiligen Zweck zu schaffen und entsprechend den Anforderungen auszustatten (Ausstattung wie oben beschrieben). Zur Honiglagerung kann der private Vorratsraum genutzt werden, wenn er die Voraussetzungen zur Honiglagerung erfüllt.

GERÄTEANFORDERUNGEN

Geräte, die zur Honiggewinnung genutzt werden, müssen in einwandfreiem Zustand sein, denn auch sie haben Einfluss auf die Qualität. Sie müssen jedenfalls sauber und frei von Korrosion sein. Die Verwendung von Edelstahlgeräten hat sich bewährt und durchgesetzt. Zur Honiglagerung eignen sich sowohl Edelstahl- als auch Kunststoffbehälter, wenn sie das Zeichen für Lebensmittelechtheit tragen.

Grobe Mängel, die vermieden werden müssen, sind z. B. rostige Schleudern, Siebe und Eimer. Oder ein Lager der Geräte ist defekt und es gibt dadurch Metallabrieb. Oder der Sicherheitsbeschlag der Honigschleuder fehlt, der Honig kommt mit dem Lagerfett oder der Schmierung in Kontakt.

PERSÖNLICHE HYGIENE

Von Personen, die Honig bearbeiten, verlangt man ein hohes Maß an persönlicher Sauberkeit. Vor und während der Arbeit muss ein besonderer Wert auf die Händehygiene gelegt werden. Deshalb ist auch ein Handwaschbecken in unmittelbarer Nähe obligatorisch. Zum Abtrocknen der Hände werden Einmalhandtücher verlangt.

Als Arbeitskleidung verwendet man am besten helle Baumwollkleidung. Eine leichte Kopfbedeckung (Haarnetz) gehört zum Standard. Wer mit Honig umgeht, darf keine (ansteckenden) Krankheiten haben, auch solange man Schnupfen oder Husten hat, darf man Honig nicht bearbeiten. Ebenso darf während des Umgangs mit Honig nicht gegessen und auch nicht geraucht werden.

Beispiele für ekelerregende Situationen: Die mit der Schleuderung befasste Person trägt ein Wundpflaster, das sich löst. Es wird in den offenen Honig (Eimer, Sieb, Schleuder) gehustet. Der Wellensittich ist aus dem Käfig und Kot landet im Honigsieb. Honig wird durch Haarausfall verunreinigt.

Durchführung von Eigenkontrollen

Die LMHV verpflichtet alle Lebensmittelherstellungs- und -bearbeitungsbetriebe, ein betriebseigenes Kontrollsystem einzurichten. Eine sogenannte Prozessanalyse soll Gefahren durch Faktoren biologischer, chemischer oder physikalischer Natur frühzeitig erkennen, um damit gewährleisten zu können, dass keine gesundheitlichen Gefahren entstehen können (bekannt als HACCP-Konzept. Das Hazard-Analysis-Critical-Control-Point-Konzept verlangt Folgendes: mögliche Risiken vorausschauend zu erkennen und zu vermeiden). In einer Imkerei wird man dieser Forderung mit der Einhaltung einer guten fachlichen und Hygiene-Praxis gerecht.

Gefahren, die es zu vermeiden gilt, sind z. B. Glassplitter im Honig, eine Neonröhre fällt zu Boden und Quecksilber gelangt somit in den Honig oder mögliche Schnittverletzungen durch beschädigtes Glas.

Werden Arbeiten in einem Betrieb von mehreren Personen vorgenommen, müssen Aufzeichnung über „wer, was, wann" gemacht werden. Die Mitarbeiter müssen Datum und Uhrzeit der geplanten und wahrgenommenen Arbeiten eintragen und durch Unterschrift bestätigen.

Beispiel zur Aufzeichnung der Arbeitserledigungen

Mitarbeiter Aufgabe	Nr. 10	Nr. 11	Nr. 12	Nr. 13
Völkerkontrolle				
Fahrzeug reinigen				
Bienenflucht einlegen				
Aufsätze holen				
Schleuderraum putzen				
Siebe vorbereiten				
Honig verflüssigen				
Honig ausliefern				
Gläser spülen				
Waben einschmelzen				
Mittelwände gießen				
Lager, Waben sortieren				

Entsprechend der Betriebsgröße und Anzahl der Mitarbeiter müssen weitere Listen zur Dokumentation der verschiedenen Arbeiten geführt werden, so z. B. die Führung eines Bestandsbuches, ein Reinigungsprotokoll, eine Dokumentation der Honiglagerkontrolle, die Dokumentation über Schulungen oder die Führung eines Honigbuches.

Die gute fachliche Praxis in der Imkerei stellt Bedingungen und fordert die Einhaltung entsprechender Arbeitsabläufe. Einige wichtigen Punkte werden in anderen Kapiteln behandelt. Hier werden deshalb nur wenige wichtige Verpflichtungen aufgeführt:

- Zur Bienenhaltung gehört auch die Erfüllung amtlicher Auflagen. Das heißt, man muss beim zuständigen Veterinäramt registriert sein.
- Insgesamt dürfen nur zugelassene Medikamente und diese nach Anwendungsvorschrift verwendet werden. Man muss ein Bestandsbuch führen.
- Auch bei der Wachsmottenbekämpfung sind nur Substanzen zu verwenden, die keine Rückstände hinterlassen. In den letzten Jahren hat sich die Methode „Reduzierung des Vorratswabenlagers auf ein Minimum" als gute Methode erwiesen.

Wichtige Bestandteile der Lebensmittelhygiene sind die Einrichtungen zur Reinigung der Geräte und der Behältnisse (Gläserspülmaschine und Spülbecken).

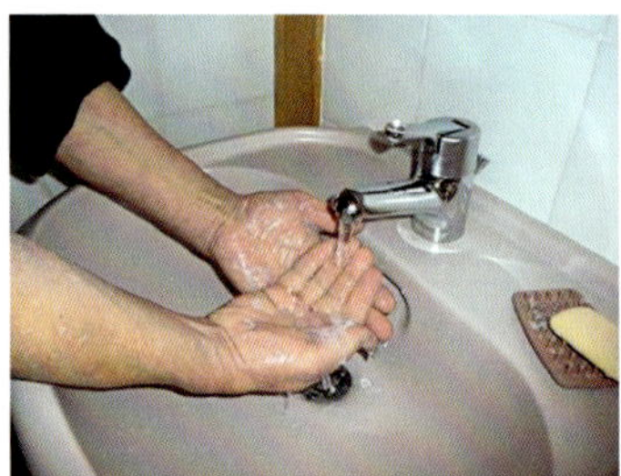

Ebenso müssen Handwaschgelegenheiten, Seifenspender und Einmalhandtücher bereitstehen.

Betriebsblindheit: Ein nicht zu unterschätzendes Problem ist die sich einschleichende Betriebsblindheit. Das heißt, man erkennt eine Unordnung nicht mehr als solche. Zur Abhilfe muss man versuchen, mit den Augen eines Besuchers oder eines Kunden den gesamten Arbeitsablauf zu sehen. Gegebenenfalls muss man sich auch Fragen stellen: Warum wird das so gemacht? Warum werden die Gläser so gespült? Warum liegt da ein Schraubendreher? Diese Beispiele lassen sich beliebig fortsetzen.

Klären und Abschäumen des Honigs

Sowohl zum Schleudern als auch zum Klären soll die Raumtemperatur ca. 23 °C bis 25 °C betragen. Bei dieser Temperatur kann sich der Klärvorgang auch bei schnell kristallisierenden Honigen vor dessen Festwerden vollziehen. Bei niedriger Temperatur ist Honig sehr zäh und der Klärvorgang geht nur sehr langsam vonstatten. Nach der Klärung werden die aufgestiegenen Wachspartikel und Luftblasen mit einem Teigschaber oder einem Löffel abgeschäumt. Die Oberfläche muss danach „blank" sein. Es können auch Klärbehälter, die 100 oder 200 kg fassen, verwendet werden. Man erhält damit eine einheitlich beschaffene und schmeckende Honigmenge und kann damit auch das Abschäumen und Rühren rationalisieren.

Aufgestiegener Schaum mit Wachspartikeln wird abgeschäumt.

SAUBERKEIT PRÜFEN!

Wenn wir das Sieben, Klären und Abschäumen abgeschlossen haben, machen wir eine Filterprobe. Dazu lösen wir einen Esslöffel Honig in ½ Liter lauwarmem Wasser auf und gießen es durch einen weißen Kaffeefilter. Im Filter zeigt sich nun die erreichte Sauberkeit, es dürfen keine Wachspartikel mehr darin zu sehen sein.

REINIGEN DER GERÄTE ZUR HONIGGEWINNUNG

Befindet sich auch Wachs an den Geräten, darf man zunächst nur mit kaltem Wasser spülen, sonst verbindet sich das Wachs noch fester mit den Sieben oder Behältnissen. Sobald die Wachspartikel abgelöst sind, kann selbstverständlich auch heiß gespült werden.

Ist es erst einmal passiert, dass sich das Wachs mit den Geräten verbunden hat, kann das Wachs selbstverständlich auch mit sehr heißem Wasser gelöst werden. Oder man verwendet Ätznatron in einer 3 %igen Lösung ebenfalls in warmem Wasser. Beim Umgang mit Ätznatron ist Vorsicht geboten. Bei einem Hautkontakt erleidet man eine Verätzung. Deshalb sind Gummi-Schutzhandschuhe und Schutzbrille obligatorisch. Nach der Verwendung müssen die Geräte mehrmals gespült und nachgespült werden.

Kristallisation

In frisch geschleuderten Honigen befinden sich normalerweise keine Kristalle. Keim- oder Primärkristalle des Traubenzuckers bilden sich besonders gerne bei Temperaturen von 5 bis 7 °C. Die Kristalle siedeln sich an der Gefäßwand, an Pollenkörnern oder Luftblasen an.

Kristallwachstum

Das weitere Kristallwachstum geht bei 14 bis 15 °C am schnellsten. Die Kristallisation ist bei den Honigsorten unterschiedlich. Rapshonige bilden eine feine und relativ weiche Kristallisation. Löwenzahnhonig kann sehr hart kristallisieren, Eichenblatthonige bilden grobe Kristalle. Es gibt weitere Zwischenstufen.

Mit zu harten oder zu groben Kristallen ist der Verbraucher schlecht bedient, er fühlt Sand auf der Zunge oder muss Honigbrocken zerteilen. Man muss deshalb das Kristallisieren so beeinflussen, dass bei den rasch kandierenden Honigen eine feinkristalline Konsistenz entsteht.

KONTROLLE MIT BEOBACHTUNGSGLÄSERN

Zur Beobachtung der Kristallisation wird gleich nach dem Schleudern Honig in Gläser gefüllt. Sie werden bei gleichen Lagerbedingungen wie der gewonnene Honig aufgestellt. Damit kann man den Kristallisationsfortschritt beobachten, ohne die Honigeimer zu öffnen. Sobald der Honig im Glas trübe wird, beginnt die Kristallisation. Meistens kann man aber noch etwas warten, bis sich die Kristalle vermehrt haben. Aber dann wird es Zeit, die Bearbeitung einzuleiten, denn oft befinden sich im unteren Bereich des Behälters mehr Kristalle oder der Honig könnte klumpen. Lieber etwas früher beginnen.

Die Zusammensetzung des Honigs bestimmt den Kristallisationsverlauf

Die Kristallisation des Honigs wird von seiner Zusammensetzung, seiner Umgebungstemperatur und seinem Wassergehalt bestimmt. Die Anteile der Einzelzuckerarten und ihre Eigenschaften bestimmen den Kristallisationsverlauf. Traubenzucker hat die Eigenschaft, schnell Kristalle zu bilden, Fruchtzucker hingegen nicht.
Rapshonig ist das Paradebeispiel für schnell kristallisierenden Honig, er hat einen hohen Traubenzuckeranteil und kristallisiert innerhalb weniger Tage aus. Traubenzucker hat, verständlich ausgedrückt, mehr Durchsetzungsvermögen. Selbst wenn er nur zu etwa gleichen Teilen wie Fruchtzucker vertreten ist, bestimmt er das Geschehen.

Akazienhonig ist das Kontrastbeispiel zum Rapshonig. In reiner Form bleibt er dauerhaft flüssig. Fast alle sonstigen Blütenhonige haben einen höheren Traubenzuckeranteil und kristallisieren deshalb meist schnell und oft auch hart. Dazwischen liegen viele Varianten der Kristallisation. Honigtauhonige (Wald-, Fichten- oder Tannenhonige) bleiben, wenn sie nicht aus gemischter Tracht (Blütentracht) entstanden sind, sehr lange (2–4 Monate, auch länger) flüssig.

BEEINFLUSSUNG DER KRISTALLGRÖSSE DURCH DIE LAGERTEMPERATUR

Honig, der tiefgekühlt gelagert wird, bildet bei seiner Kristallisation in der Regel feine Kristalle. Ähnlich verhält er sich bei Lagertemperaturen bis ca. 7 °C. Bei dieser Temperatur ist Honig kaum zu bearbeiten. Er ist sehr zäh. Soll er bearbeitet bzw. gerührt werden, muss er wieder auf mindestens 15 °C erwärmt werden. Ohne Erwärmung würden selbst die stärksten Getriebemotoren streiken bzw. kaputt gehen. Für solche Operationen benötigt man spezielle Kühl- bzw. Warmräume. Oder es sind doppelwandige Gefäße oder solche mit Wärmetauschern dafür nötig. Ein Versuch des Tiefkühlens ist empfehlenswert.

Die Honigtemperatur und die seiner Umgebung haben einen großen Einfluss auf seine Viskosität und sein Kristallisationsverhalten. Die nachfolgende Darstellung ist die Basis für die Honigbearbeitung.

Temperatur und Viskosität des Honigs

Vorzugstemperatur für die Keimkristallbildung bei Traubenzucker	+5 bis +7 °C
Das Wachstum der Kristalle nimmt zu	oberhalb +10 °C
Höchster Wert der Traubenzuckerkristallbildung	+14 bis +15 °C
Abnahme der Geschwindigkeit der Kristallbildung	oberhalb +20 °C
Abschmelzen der Kristalle – Honigspezifisch bei	über +35 bis +40 °C
Klarflüssigkeit erreicht man bei (honigspezifisch)	+45 bis +50 °C
Viskosität und Zähigkeit hoch bei	+10 bis +15 °C
Fließfähigkeit hoch, er läuft vom Brot	+22 °C und darüber

BEDEUTUNG DER TEMPERATUR FÜR DIE WEITERVERARBEITUNG

Um Honig zu lagern, sollten Umgebungstemperaturen um oder unter 10 °C gegeben sein. Zum Abfüllen sollte er ca. 23 °C warm sein. Zur Verflüssigung sollte er auf ca. 40 °C erwärmt werden. Für das jeweilige Vorhaben muss Honig auf die „richtige" Temperatur gebracht werden. Er muss dazu aufgewärmt, abgekühlt oder auf einer bestimmten Temperatur gehalten werden. Honig ist ein schlechter Wärmeleiter. Um ihn in einem Gefäß zu erwärmen oder abzukühlen, hat man einen hohen Energie- und Zeitaufwand. Den Aufwand kann man besser bewältigen, wenn man dafür doppelwandige Gefäße, Wärmetauscher in den Gefäßen oder Wärme- und Kühlkammern verwendet. Bei der Planung eines Betriebes müssen diese Anforderungen berücksichtigt werden. Doppelwandige Gefäße kommen auch in Nebenerwerbs- und Freizeitimkereien zum Einsatz.

Rühren des Honigs

Einziges Ziel ist die Schaffung einer verzehrfreundlichen Konsistenz des Honigs. Wie vorher erwähnt, kann Honig in hart kristallisierter Form nur mühevoll aus dem Glas genommen werden. Er ist in dieser Konsistenz nicht verzehrfreundlich. Durch Rühren des Honigs kann man die Kristallbildung beeinflussen. An der Behälterwand und am Boden des Gefäßes bildet sich zuerst kristallisierter Honig, weil die Kristalle absinken und sich dort sammeln. Ist etwa ein Drittel des Honigs eines Behälters kristallisiert, dann ist der richtige Zeitpunkt für das Rühren gekommen. Haben sich noch zu wenige Kristalle gebildet, muss man das Rühren wiederholen. Insgesamt muss man sich schon auf mehrmaliges Rühren einstellen.

Die richtige Konsistenz ist erreicht, wenn der Honig perlmuttartig schillert und das Fließverhalten sehr eingeschränkt ist.

Rührgeräte

Zur Bearbeitung des Honigs werden diverse Hilfsmittel und Rührgeräte verwendet.

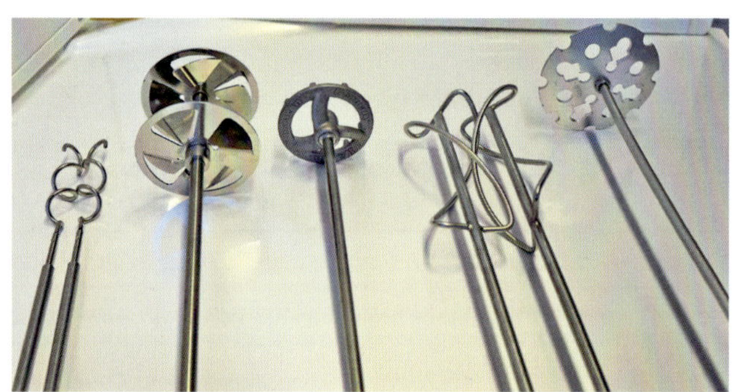

Einsätze für die Rührgeräte (v. l.): Knethaken für Küchen-Handrührer, Rührpropeller, Rapido, Beba-Mischer, „Auf und Ab“-Stampfer.

Rühren mit einem Holzstab.

HOLZSTAB

Am einfachsten ist ein dreikantiger geschliffener Hartholzstab. Er wird beim Rühren in großen Kreisen, vorwiegend entlang der Behälterwand, geführt, sodass die angesiedelten Kristalle verteilt werden. Man wiederholt das Rühren, bis der Honig perlmuttartig schillert und eine sehr zähe Fließfähigkeit erreicht ist, dann wird abgefüllt.

„AUF UND AB"-STAMPFER

Der „Auf und Ab"-Stampfer besteht aus einer Metallscheibe mit etwa 150 mm Durchmesser an einem Metallstab. Die Scheibe hat kantige Durchbrüche, wodurch der Honig beim Stampfen gedrückt wird. Zu Beginn der Kristallisation kann man bei einem Rührvorgang leicht 30 bis 40mal nach unten drücken. Beim Hochziehen bleibt man innerhalb des Honigs, um keine Luft mit einzudrücken. Man meidet auch das Berühren der Behälterwand. Mit Kristallisationsfortschritt geht das Stampfen schwerer, dann kann der Honig bald abgefüllt werden.

Mit dem „Auf und Ab"-Stampfer ist man gut aufgestellt.

KÜCHEN-HANDRÜHRER

Mit einem Küchen-Handrührer, der entsprechend der Tiefe des Abfüllkübels verlängerte Knethaken hat, geht das Rühren leicht. Es ändert aber nichts daran, dass ggf. mehrmals gerührt werden muss, die Behälterwand nicht berührt werden darf und die Rührvorgänge erst abgeschlossen werden können, wenn die Konsistenz und Farbe wie oben beschrieben erreicht sind. Wir verwenden dieses leichte Gerät sehr gerne, weil es zur Lebensmittelbearbeitung entwickelt ist und man keinen Abrieb, vom Motor ausgehend, zu befürchten hat. Die 500 Watt starken Geräte arbeiten den Honig mit den gegenläufigen Knethaken intensiv durch. Man kann auch relativ zähen Honig ohne Weiteres bearbeiten. Selbstverständlich sind Grenzen gesetzt, die Betriebsdauer sollte am Stück 15 Minuten nicht übersteigen. Wenn man diese Technik nutzen möchte, geht man mit der Maschine und den mitgelieferten Schneebesen und Knethaken zu einem Schlosser und beauftragt ihn mit der Verlängerung der Knethaken. Sie sollen aber nur so lang wie unbedingt nötig werden, sodass sie bis zum Boden des Abfüllkübels reichen.

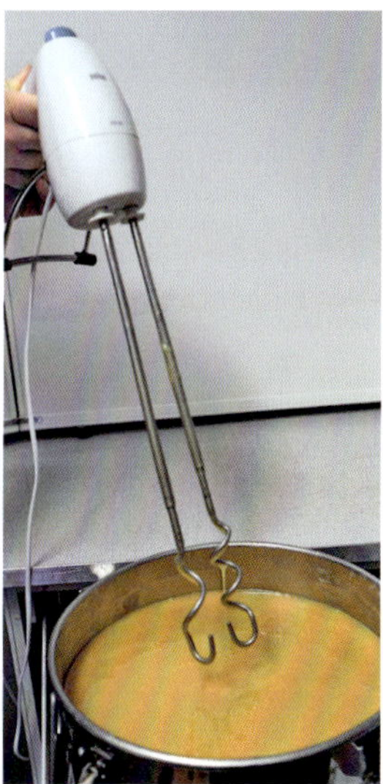

Ein Küchen-Handrührgerät mit verlängerten Knethaken.

BEBA-MISCHER

Mit einem bohrmaschinengetriebenen Mischer, der auf den Honigbehälter aufgesetzt wird, erreicht man eine gute Durchmischung. Ansonsten ist ähnlich den bereits beschriebenen Methoden zu verfahren.

Der Beba-Mischer im Einsatz.

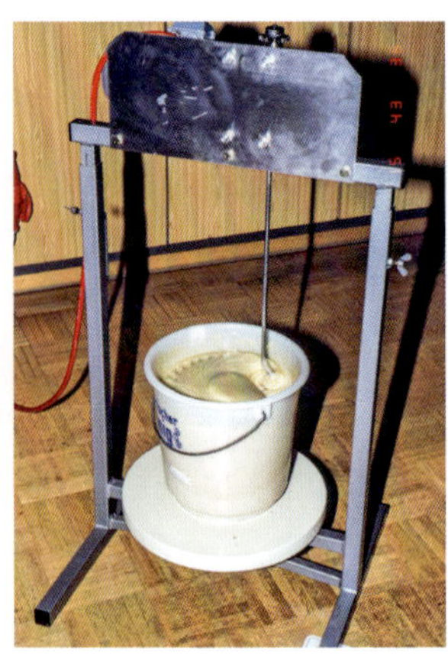
Rührmeister mit Drehteller.

Rührteller des Rapido.

RÜHRPROPELLER UND RÜHRSPIRALE

Mit einem Rührpropeller, der von einer Bohrmaschine angetrieben wird, erreicht man ebenfalls eine gute Durchmischung. Ansonsten ist ähnlich zu verfahren, wie bereits beschrieben.

Mit einer Rührspirale, die ebenfalls von einer Bohrmaschine angetrieben wird, ist die Durchmischung des Honigs etwas gezähmter. Sonst gibt es keine nennenswerten Unterschiede gegenüber anderen Rührern und es ist ähnlich zu verfahren, wie bereits beschrieben.

RÜHRMEISTER ODER HONIGRÜHR- UND MISCHGERÄTE

Rührmobile, Rührmeister oder Honigrühr- und Mischgeräte haben einen Drehteller, worauf der zu bearbeitende Eimer gestellt wird, dann wird der Rührpropeller abgesenkt, bis er völlig in den Honig eingetaucht ist. Diese Geräte arbeiten selbstständig. Man verbindet sie mit einer Zeitschaltuhr, dann kann der Honig 2 oder 3mal am Tag für 10 bis 15 Minuten bearbeitet werden. Die Geräte kosten ca. 500 bis 600 €.

RAPIDO

Eine Rührscheibe mit Noppen an der Unterseite wird von einer Bohrmaschine angetrieben. Wegen des kleinen Durchmessers der Scheibe arbeitet man mit hoher Drehzahl. Er ist besonders gut für kristallisierte Honige geeignet.

HONIGRÜHR- UND MISCHGERÄTE MIT GETRIEBEMOTOR

Größere Honigrühr- und Mischgeräte mit aufgesetztem Getriebemotor haben ein Fassungsvermögen ab 50 kg bis 1000 kg. Es gibt sie einfach- oder auch doppelwandig. Im Innern befindet sich eine Rührschnecke oder ein Rührrechen. Sie arbeiten üblicherweise selbstständig und werden von einer Zeitschaltuhr gesteuert. Es gibt verschiedene Programme zur Rührdauer. Es wird je nach Wahl 6 × 15 Minuten in 24 Stunden oder jede Stunde 2 bis 5 Minuten gerührt.

Hubwagen mit Honigrühr- und Mischgerät.

Bessere Durchmischung mit einem Rührrechen.

Alle Rührer, die von einem Bohrfutter aufgenommen werden, können sich lösen. Metallabrieb ist die Folge. Das darf nicht passieren. Anstelle des Bohrfutters sollte man eine Gewindeaufnahme wählen.

Weil mit den meisten Geräten über dem offenen Honigbehälter gearbeitet wird, muss man dabei fusselfreie Kleidung und Kopfbedeckung tragen, damit jede Verunreinigung ausgeschlossen wird.

Honig, der flüssig in Gläser gefüllt wird und darin kristallisiert, bekommt mit größter Wahrscheinlichkeit eine sogenannte Blütenbildung. Das kann auch passieren, wenn der eingefüllte Honig noch nicht genügend Kristalle gebildet hat. Hat man das Können und nimmt sich die Zeit, um den Honig in die schwerfließende Konsistenz zu bringen, wird das verhindert.

Wissensfragen

1. Wie sollen Schleuderräume beschaffen sein?
2. Was verlangt die Lebensmittelhygieneverordnung?
3. Wie bekommt man Wachspartikel aus einem gesiebten Honig?
4. Warum kristallisiert reiner Akazienhonig nicht?
5. Bei welcher Honigtemperatur ist das Kristallwachstum am schnellsten?
6. Wann soll Honig gerührt werden?
7. Welche Geräte sind zum Rühren geeignet?
8. Worauf muss bei der persönlichen Sauberkeit geachtet werden?

Abfüllen des Honigs

Schnell kristallisierende Honige, ergo die meisten Blütenhonige, werden üblicherweise in streichfähiger Konsistenz vermarktet. Honigsorten, die längere Zeit flüssig bleiben, ergo hauptsächlich Honigtauhonige, verkauft man meistens flüssig. Eine Charge flüssigen Honigs sollte dann auch im Zeitraum des „flüssig Bleibens“ verkauft werden. Kann der Honig nicht in diesem Zeitraum abgesetzt werden, muss man nach anderen Wegen suchen. Gegebenenfalls kann man die Charge verkleinern oder die als flüssig zu vermarktende Charge (meistens ist es Waldhonig) dann ebenfalls „cremig“ anbieten. Je nach Situation kann man eventuell auch die Lagerform „Einfrieren“ nützen.

Vorbereitung der Honigabfüllung

Das Thema Honigabfüllung beinhaltet die Auswahl und Bereitstellung sauberer Honiggläser, ein sorgfältig vorbereitetes Abfüllgut, eine Abfülleinrichtung mit einem hygienisch einwandfreien Abfüllplatz, Fachwissen über die geforderte Qualität und Kenntnis über die geforderten Angaben auf den zu verwendenden Etiketten.

Herrichten der Gläser

Honiggläser sind üblicherweise Mehrweggläser. Die Vorbereitung des erneuten Befüllens beginnt mit einer Sichtkontrolle und dem Aussortieren fremdgenutzter und beschädigter Gläser. Bei den Deckeln werden die Einlagen entfernt. Gläser und Deckel werden in warmem Wasser mit Spülmittel eingeweicht. Es folgt das Ablösen der Etiketten und die Vorreinigung, ggf. mit Bürste oder Schwamm. Jetzt kommen die vorgereinigten Gläser und Deckel zur Spülmaschinenreinigung mit Spülmittel, ca. 50 Gläser haben Platz darin. Die Spülmaschine muss intakt sein, die Gläser sollen streifen- und fleckenfrei trocknen. Gläser und Deckel werden auf Sauberkeit geprüft, ggf. müssen die Deckel von Hand nachgespült werden. Werden Twist-off-Deckel verwendet, ist eine jeweilige Erneuerung vonnöten. Auch wenn man es nicht ohne Weiteres erkennen kann, bekommt die Dichtschicht beim ersten Schließen einen Abdruck, was bei einer weiteren Verwendung zu einer Undichtigkeit führen kann.

NEUE GLÄSER

Marmeladefabriken etc. erhalten ihre Gläser direkt aus der Glasfabrik. Bei diesem überschaubaren Transportweg werden die Gläser hüttensteril geliefert. Sie werden ohne Spülvorgang befüllt. Diesen Komfortweg kann man nur in seltenen Fällen auf den Honiggläserbezug übertragen. Das heißt mit anderen Worten, wenn Honiggläser auf wenig bekanntem Weg zu uns kommen, müssen wir sie einer gründlichen Reinigung unterziehen.

Vorgehensweise bei der Honigabfüllung

Der Arbeitsplatz muss hell und sauber sein. Der Abfülleimer muss so aufgestellt werden, dass die zu befüllenden Gläser unter den Quetschhahn passen. Idealerweise steht dabei das Glas auf einer geeichten Waage.

Der abzufüllende Blütenhonig ist schon länger auf den Abfüllzeitpunkt vorbereitet worden, ebenso die zu befüllenden Gläser. Am besten ist es, wenn die gesamte Charge auf einmal abgefüllt wird. Es müssen genügend Gläser sein. Wenn sie ebenfalls wie der Honig temperiert sind, verhindert es den Luftblaseneinschluss weitestgehend. Der abzufüllende Honig wurde durch (mehrmaliges) Rühren vorbereitet und auf mindestens 20 bis 25 °C temperiert. Er ist bei dieser Temperatur gerade noch fließfähig. Wird flüssiger Honig abgefüllt, ist die Vorbereitung weniger aufwendig und der Abfüllzeitpunkt etwas variabler. Die mit der Abfüllung betrauten Personen tragen eine nicht fusselnde Kleidung und eine Kopfbedeckung. Jetzt kann es losgehen! Nach dem Befüllen kommen die Gläser auf eine ebene Abstellfläche. Alsbald werden sie verschlossen und bleiben auf der ebenen Fläche stehen bis er etwas abgekühlt ist.

Abfüllen eines flüssigen Honigs aus dem Abfüllkübel mit Quetschhahn.

Erhält der abgefüllte Blütenhonig eine weiche Oberflächenkristallisation, dann bleibt der innere Glasrand sauber. So soll es sein.

Echter Deutscher Honig – nur im Imker-Honigglas

Welche Qualität muss nun der abzufüllende Honig haben? Die Tabelle auf S. 49 enthält alle zu beachtenden Werte. Es ist so, dass der Wassergehalt höchstens 18 % haben darf, handelt es sich jedoch um Heidehonig, dann dürfen es 21,4 % sein. Die Mindestaktivität an Invertase muss 64 U/kg aufweisen. Die Enzymeinheit U (U steht für das englische Units = Einheiten) bezeichnet die Stärke der Enzymaktivität. Bei enzymschwachen Honigen, dazu gehört Akazienhonig (Robinienhonig), reicht ein Enzymgehalt von 45 U/kg. Für das Enzym Diastase gibt es keine Anforderung, weil Diastase bei Wärmebehandlungen wesentlich stabiler ist als Invertase. Das heißt, wenn ein Honig den geforderten Gehalt an Invertase aufweist, ist immer auch genügend Diastase vorhanden. Der Gehalt an HMF darf bis zu 15 mg/kg betragen. HMF ist die Abkürzung für Hydroxymethylfurfural und ist ein bedeutendes Qualitätsmerkmal. Es entsteht durch Zuckerabbau bei zu langer Lagerung oder starker Erwärmung. Je geringer der Wert, desto besser die Qualität.

KANN DAS MEIN HONIG ERFÜLLEN?

Je nach Verlauf des Bienenjahres kann der Wassergehalt am ehesten Probleme machen. Liegt dieser im Toleranzbereich, sind die weiteren Werte üblicherweise ohne Weiteres einzuhalten. Wenn es sich nicht um reine enzymschwache Honige handelt, haben deutsche Honige einen Invertasegehalt von 100 bis 200 Units/kg. Auch die Werte, wie sie für enzymschwache Honige gefordert werden, sind in aller Regel gegeben. Frisch geschleuderter Honig hat 0,0 mg/kg HMF. Wird er ein Jahr lang bei 10 °C gelagert, kann man davon ausgehen, dass der HMF-Gehalt unter 5 mg/kg liegt. Ein schonend behandelter Honig erfüllt die geforderten Qualitätsmerkmale. Zweifel könnten dann aufkommen, wenn Honig länger oder wärmer gelagert oder stärker erwärmt wurde. Selbst messen kann man ja lediglich den Wassergehalt. Die anderen Merkmale müssten bei Bedarf im Honiglabor untersucht werden. Ist man unsicher, hilft ein Prüfbefund eines Honiglabors jedenfalls weiter.

Neutrale Gläser

Der Wassergehalt darf, wenn der Honig im Neutralglas verkauft wird, nach der HonigV bis zu 20 % aufweisen, bei Heidehonig bis zu 23 %. Beim Invertasegehalt gibt es keine Werte, die gefordert werden. Stattdessen wird eine Mindestaktivität von 8 Einheiten an Diastase (nach Schade) gefordert. Bei enzymschwachen Honigen werden nur 3 Einheiten gefordert. Hydroxymethylfurfural darf bis zu 40 mg/kg im Honig enthalten sein.

Vergleicht man die Werte, so kann man schon auf den Gedanken kommen: „Lieber im neutralen Glas verkaufen, da habe ich eine geringere Qualitätsanforderung. Diese kann mein Honig leichter erfüllen." Auf Dauer gesehen wird man aber mit einer geringeren Qualität keine Freude haben. Der höhere zugelassene Wassergehalt kann zu Qualitätsrügen führen, weil Honig mit diesem hohen Wassergehalt kaum lagerfähig ist und deshalb nach einer bestimmten Lagerzeit auch verderben kann. Das heißt aber nicht, dass die großen Mengen an Honig, die in neutralen oder Nicht-D.I.B.-Gläsern vermarktet werden, immer von geringerer Qualität sind. Was den Wassergehalt angeht, darauf wird von den Anbietern jedenfalls geachtet, er liegt bei diesen Honigen immer bei 16 bis 17 %.

Mit dem in der Tabelle angegebenen HMF-Wert von bis zu 80 mg/kg bei Honigen aus tropischem Klima wurde die Verkehrsfähigkeit solcher Honige in Deutschland ermöglicht. Ohne die Aufnahme dieses Wertes und dieser Herkunftsbezeichnung in die Honigverordnung wäre ein Honigimport aus tropischen Ländern nicht möglich.

UNTERSCHIEDE IN DEN ANFORDERUNGEN FÜR HONIG

HonigV im Vergleich zu den D.I.B.-Bestimmungen

	HonigV	D.I.B.-Bestimmungen
Wassergehalt allgemein Heidehonig (*Calluna*)	max. 20 % (DIN/AOAC)* max. 23 % (DIN/AOAC)	max. 18 % (DIN/AOAC) max. 21,4 % (DIN/AOAC)
Invertase (= Saccharase)	Nur bei als besonders enzymreich deklarierten Honigen gefordert	Mindestaktivität 64,0 U/kg (Einheiten nach Siegenthaler) (Ausnahme: natürlich enzymschwache Honige 45,0 U/kg)
Diastase (= Amylase)	Mindestaktivität 8 E (nach Schade) bzw. 3 E bei natürlich enzymschwachen Honigen	Keine Festlegung über die nebenstehenden Forderungen hinaus
Hydroxy-methylfurfural (HMF)	max. 40 mg/kg bzw. max. 15 mg/kg bei natürlich enzymschwachen Honigen max. 80 mg/kg bei Honig aus Regionen mit tropischem Klima	max. 15 mg/kg bzw. max. 5 mg/kg bei natürlich enzymschwachen Honigen

*AOAC = Association of Official Analytical Chemists – Die international gebräuchliche Analysepraxis

Auswahl der Glasgröße

Man hat die Wahl zwischen 250- und 500-Gramm-Gläsern. Auch Gläser mit 125 oder 370 Gramm und weiteren Grammaturen sind im Handel vertreten.

500-Gramm-Honiggläser werden vom Verbraucher sehr gerne gekauft. An zweiter Stelle liegen wohl die 250-Gramm-Gläser. Nationalmarken wie das Einheitsglas des Deutschen Imkerbundes D.I.B. oder das des Österreichischen oder Schweizer Imkerbundes haben den erforderlichen Bekanntheitsgrad.

Werden Gläser des D.I.B. verwendet, müssen sie vollständig sein:
Das geriffelte Glas mit dem D.I.B.-Logo

- muss mit dem Deckel und dem eingeprägten Sechseck,
- mit der Deckeleinlage und
- mit dem Gewährverschluss versehen sein.

Mit dem D.I.B.-Glas und dem Gewährverschluss haben Imker eine gute Vermarktungshilfe.

Honigabfüllung größerer Chargen

Je nach Organisation des Betriebes und der Honigvermarktung kann es nötig werden, manchmal größere Chargen Honig abzufüllen. Besonders bei schnell kristallisierenden Sorten wie bei Rapshonig ist diese Vorgehensweise empfehlenswert. Der Rationalisierungseffekt ist, egal mit welcher Technik, groß. Bei dieser Vorgehensweise werden einige Arbeitsschritte eingespart.
Im Einzelnen hat man folgende Vorteile:

- Aufwendige Schritte wie Verflüssigen und erneutes Rühren werden eingespart.
- Als Lagerbehälter dienen die Gläser.
- Man braucht nicht in Lagerbehältern zwischenzulagern.
- Bei geeigneten Lagermöglichkeiten kann die Jahresabsatzmenge ohne Weiteres in Gläsern als Vorrat aufbewahrt werden.
- Ein weiterer Vorteil ist die ständige Verfügbarkeit der jeweiligen Honigsorte.

Einsatz von Honigabfüllgeräten

Weil bei dieser Vorgehensweise mehrere Hundert Gläser innerhalb eines Tages oder zumindest weniger Tage abgefüllt werden sollen, können entsprechende Abfüller eingesetzt werden.

Im Fachhandel werden verschiedene Geräte angeboten. Man muss allerdings selbst auswählen, welches zum jeweiligen Betrieb am besten passt. Die Füllmengen können stufenlos reguliert werden.

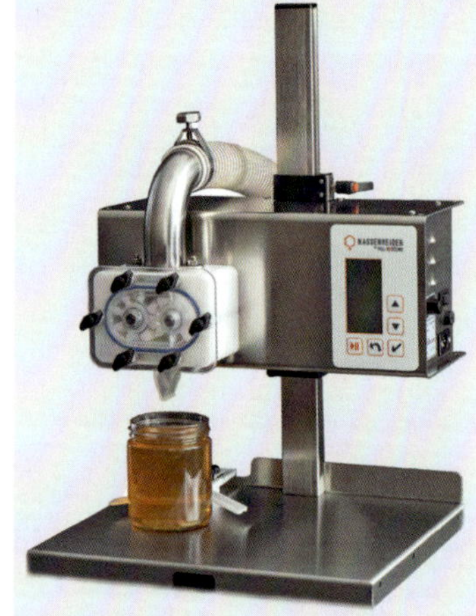

Nassenheider Honigabfüllgerät ohne Drehtisch.
Quelle: Fillsystems

Füllgewicht nach der Fertigpackungsverordnung

Die Fertigpackungsverordnung regelt das Füllgewicht der Honiggläser. Nach Gewicht gekennzeichnete Fertigpackungen gleicher Nennfüllmenge dürfen gewerbsmäßig nur so hergestellt werden, dass sie im Mittel die Nennfüllmenge nicht unterschreiten. Die zulässigen Minusabweichungen bei einzelnen Gläsern können beim 500-Gramm-Glas 15 g betragen. Beim 250-Gramm-Glas dürfen es 9 g Minusabweichungen sein.

Die Minusabweichungen dürfen von höchstens bei 2 % der Fertigpackungen überschritten werden, und zwar um das Zweifache der zulässigen Minusabweichung. Das heißt bei 2 % der Gläser dürfen (das Doppelte von 15 g) bis zu 30 g weniger eingefüllt sein. Soweit der Gesetzestext der Fertigpackungsverordnung.

Üblicherweise werden unsere Fertigpackungen nicht gewerblich, sondern von Hand hergestellt. Dabei wird das Gewicht in der Regel auf einer elektronischen Waage oder einer geeichten Waage überwacht. Die Fertigpackungsverordnung verlangt die Überprüfung des Füllgewichtes mit einer geeichten Waage nach dem Eichgesetz (EichG). Man füllt in das 500-Gramm-Glas üblicherweise 503 bis 505 g und in das 250-Gramm-Glas 253 bis 255 g ein.

Werden Fertigpackungen mit anderen Nennfüllmengen verwendet, darf auch hier die Nennfüllmenge im Mittel nicht unterschritten werden. Die zulässigen Minusabweichungen bei den Fertigpackungen können der Tabelle entnommen werden.

Nennfüllmengen und Minusabweichungen

Nennfüllmenge in g oder ml	Zulässige Minusabweichungen in % von QN*	in g oder ml
5 bis 50	9	–
50 bis 100	–	4,5
100 bis 200	4,5	–
200 bis 300	–	9
300 bis 500	3	–
500 bis 1000	–	15
1000 bis 10000	1,5	–

*QN = Quality Norm

Gestaltung von Etiketten

Am einfachsten ist es, wenn man den Gewährstreifen des D.I.B. verwendet. Er hat schon die entsprechenden Aufdrucke. Es muss lediglich noch die Adresse des Imkers, das Mindesthaltbarkeitsdatum und eventuell die Honigsorte angegeben werden. Auch die Preiskennzeichnung soll erfolgen, wenn der Honig zur Selbstbedienung angeboten wird. Bei der Direktvermarktung soll eine Preisliste vorliegen. Bei der Angabe einer Region, eines Territoriums oder einer Landschaft können diese als Rückenetikett oder im vorderen Feld angebracht werden.

Vorgaben zur Beschriftung

In der Lebensmittel-Kennzeichnungsverordnung (LMKV) in Verbindung mit der Honigverordnung (HonigV), der Los-Kennzeichnungs-Verordnung (LKV), der Fertigpackungsverordnung (FPackV), dem Eichgesetz (EichG) und der Preisangabe-Verordnung (PAngV) werden die erforderlichen Angaben auf einem Honigglas festgelegt.

Folgendes muss angegeben werden:

- Verkehrsbezeichnung des Honigs oder nur Honig (LMKV)
- Herkunftsland – Deutschland (Honig-V)
- Name und Anschrift der Imkerei (LMKV)
- Füllmenge, diese kann in Kilogramm oder Gramm angegeben werden (FpackV)
- Mindesthaltbarkeitsdatum: TT.MM.JJJJ (LMKV)
- Loskennzeichnung: Nummern- und Buchstabenkombination mit vorangestelltem L (kann mit Mindesthaltbarkeitsdatum gekoppelt werden), (LKV)

ANGABE DER MINDESTHALTBARKEIT

Die LMKV lässt je nach Eigenschaft eines Lebensmittels verschiedene Fristen für die Mindesthaltbarkeit auf Fertigpackungen zu. Voraussetzung für die zu wählende Frist ist die Sicherstellung, dass die spezifischen Eigenschaften des jeweiligen Lebensmittels bis zu der gesetzten Frist erhalten bleiben.

Weil Honig bei entsprechender gegebener Qualität und bei sachgerechter Lagerung sehr lange seine spezifischen Eigenschaften behält, wird üblicherweise eine Zweijahresfrist für die Haltbarkeit gewählt.

LOSKENNZEICHNUNG DER LEBENSMITTEL

Mit den Angaben zur Loskennzeichnung sollen Lebensmittel, die ggf. gefährdende Stoffe enthalten, was erst nach dem „In Verkehr-Bringen“ festgestellt wurde, zurückgerufen werden können. Eine Kombination der Angaben zur Mindesthaltbarkeit und zur Loskennzeichnung ist möglich: Verwendet man ein taggenaues Datum für die Mindesthaltbarkeit auf den Gebinden, bietet die LKV in § 2 Nr. 5 die Ausnahme von der Los-Kennzeichnungspflicht. Das heißt, die taggenaue Mindesthaltbarkeitsangabe bekommt gleichzeitig die Funktion der Losnummer. Alle Gläser, die dieses Datum tragen, entstammen demzufolge einer Charge und müssen die Aufschrift „Mindestens haltbar bis: Tag / Monat / Jahr“ tragen.

Werden an einem Tag verschiedene oder mehrere Chargen abgefüllt, empfiehlt es sich, nicht dasselbe Datum zu verwenden, sondern ggf. eines, das die beiden oder mehreren Chargen voneinander unterscheiden lässt. So behält man auch selbst den Überblick.

Um die Angelegenheit perfekt zu erledigen, wird die Anzahl der am jeweiligen Tag bzw. in der Charge abgefüllten Gläser in einem „Honigbuch“ (Notizbuch) festgehalten.

Gestaltung von eigenen Aufklebeschildern

Es können jedoch auch Etiketten nach eigenen Vorstellungen gestaltet werden. Absolute Pflichtangaben sind die oben genannten Punkte. Außerdem müssen alle weiteren Bestimmungen der LMKV eingehalten werden. Eigene Etiketten dürfen nicht auf D.I.B.-Gläsern verwendet werden.

Die Etiketten sollten so gestaltet sein, dass sie auch als Verschlusssiegel dienen. Geöffnete Gläser kann man dann sofort als solche erkennen, in Bezug auf die Produkthaftung ist dies nicht zu vernachlässigen!

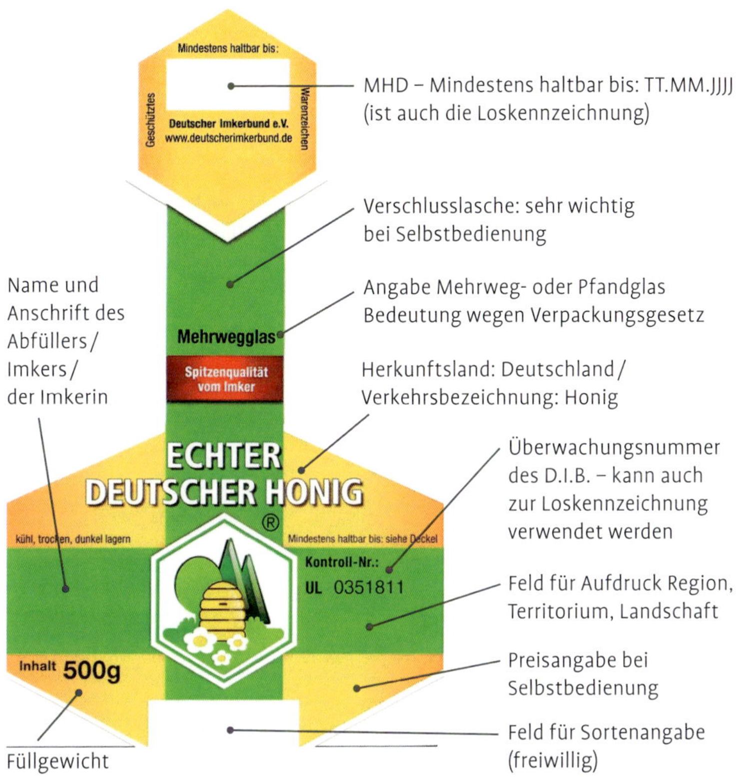

Der Gewährverschluss des D.I.B. mit Notizen der jeweiligen Bedeutung.
Quelle: D.I.B.

Lebensmittel-Kennzeichnungsverordnung (LMKV)

Nach der LMKV müssen die Angaben auf den Gebinden

- an gut sichtbarer Stelle,
- in deutscher Sprache,
- leicht verständlich,
- deutlich lesbar und
- unverwischbar

angebracht werden.

MINDESTGRÖSSE DER SCHRIFT:
5–10 g = 2 mm /// 50–200 g = 3 mm /// 200–1 000 g = 4 mm /// mehr als 1 000 g = 6 mm

Weitere Angaben auf einem Aufklebeschild

REGIONALE, TERRITORIALE ODER TOPOGRAFISCHE HERKUNFTSBEZEICHNUNGEN

Wenn Honig ausschließlich aus einer Region, einem Territorium oder einer bestimmten Topografie stammt, kann Honig auch eine entsprechende Herkunftsbezeichnung tragen. Es können Bezeichnungen wie Honig aus dem Harz, Honig aus der Lüneburger Heide oder Honig aus der Eifel oder auch Bezeichnungen wie Bayrischer Honig, Honig von der Schwäbischen Alb verwendet werden. Die Pflichtangabe des Ursprungslandes bleibt davon unberührt.

VERWENDUNG EINER QUALITÄTSANGABE

Nach der Honigverordnung kann man den Honig auch mit einer besonderen Qualität ausloben. So sind z. B. Bezeichnungen wie cremiger Honig, flüssiger Honig oder streichzart möglich.

MÖGLICHE ANGABEN NACH DEM DEUTSCHEN LEBENSMITTELBUCH

Nach dem Deutsche Lebensmittelbuch können Honige mit der Bezeichnung „Auslese“ oder „Premium“ ausgelobt werden, wenn sie entsprechende Qualitätsanforderungen erfüllen. Zudem dürfen folgende Angaben gemacht werden wie „Vom Imker abgefüllt“ oder „Aus eigener Imkerei“. Die Werte entsprechen in etwa der Qualitätsanforderung des D.I.B. (siehe Vergleichstabelle S. 49).

Da die Qualitätsanforderungen bei der Bezeichnung „Auslese“ und auch bei einer Bezeichnung „Premium“ sehr ähnlich sind, muss man selbst entscheiden, ob sich eine der Möglichkeiten lohnen kann!

URSPRUNGSLAND

Als Ursprungsland ist das Land anzugeben, in dem der Honig erzeugt wurde. Bei mehr als einem Ursprungsland kann stattdessen jeweils eine der folgenden Angaben gemacht werden, sofern der Honig dort erzeugt wurde:

- „Mischung von Honig aus EU-Ländern“,
- „Mischung von Honig aus Nicht-EU-Ländern“,
- „Mischung von Honig aus EU-Ländern und Nicht-EU-Ländern“.

Honig ohne Angabe „wieviel von woher“ müsste der Verbraucher ablehnen.

Es gibt mehrere Initiativen, ausgehend von Imkerverbänden der europäischen Länder, dahingehend, dass die Ursprungsländer und der anteilige Prozentsatz in den Mischungen auf den Etiketten angegeben werden. Leider waren die Bemühungen im Europäischen Parlament bisher gescheitert.

Gefilterter Honig und Backhonig

In der Honigverordnung sind die Verkehrsbezeichnungen nach Herkunft, Gewinnungsart, Angebotsform und Zweckbestimmung aufgeführt, darin ist auch gefilterter Honig und Backhonig aufgeführt. Wird Backhonig in Verkehr gebracht, muss er den Hinweis erhalten: „Nur zum Kochen oder Backen“.

Honig, der die Bezeichnung „Nur zum Kochen oder Backen" trägt, darf nach der HonigV auch einen veränderten Säuregrad aufweisen. Das heißt, er darf auch schon in Gärung übergegangen sein.

Bei gefiltertem Honig handelt es sich um Honig, der gewonnen wird, indem anorganische oder organische Fremdstoffe so entzogen werden, dass auch Pollen in erheblichem Maße entfernt werden.

Bei einem so bearbeiteten Honig fehlt die botanische Landkarte, er darf deshalb weder mit einer Sorte noch mit Qualität noch mit einer Region bezeichnet werden. Es bestehen Bedenken über die Verwendung eines solchen Honigs. Er könnte zur Honigverfälschung genutzt werden. Abnehmer ist die Lebensmittelindustrie.

Bestellung von Gewährverschluss-Etiketten

Werden Gläser des D.I.B. verwendet, müssen die dazugehörigen Gewährverschlüsse bestellt werden. Dies erfolgt über den jeweiligen Imker-Landesverband, welchem der Imkerverein, in dem man Mitglied ist, angehört.

Die Bestellung erfolgt elektronisch: Auf einem speziellen Formular muss man die kompletten Kontaktdaten angeben. Es können der Eindruck „Pfandglas" oder „Mehrwegglas" und der Eindruck eines „Regional-, Herkunfts- oder Qualitätszeichens" bestellt werden. Sie sind für 30, 250 und 500 g, sowohl selbstklebend als auch gummiert oder nicht gummiert erhältlich. Sie können mit oder ohne Adresseindruck bezogen werden.

Als Besteller erkennt man mit seiner Unterschrift die Bestimmungen zu den Warenzeichen des Deutschen Imkerbundes e. V. an und stimmt somit auch der Überwachung durch die Honigmarktkontrolle unter Aufsicht des D.I.B. zu. Ebenso willigt man mit seiner Unterschrift der Datennutzung ein, die den Zweck erfüllt, dass der Deutsche Imkerbund e. V. die Prüfbefunde der Honigmarktkontrolle mit persönlichen Daten dem zuständigen D.I.B.-Mitgliedsverband zur Beratung und Unterstützung des Imkers als Markennutzer durch fachkundige Beauftragte zur Verfügung stellt.

Werden die Gewährverschlüsse verwendet, erkennt man auch die Bestimmungen der Warenzeichensatzung und die Richtlinien für Honig unter dem Gewährverschluss des Deutschen Imkerbundes an.

Bedingungen für die Verwendung des D.I.B.-Gewährverschlusses

- Der Verwender haftet mit seinem Namen und der auf ihn eingetragenen Überwachungsnummer für den Inhalt und die Aufmachung des D.I.B.-Honigglases.
- Der Inhalt des Gebindes muss den Qualitätsanforderungen des D.I.B. entsprechen.
- Der Honig muss aus Trachtgebieten der Bundesrepublik Deutschland stammen.
- Der Honig muss rein sein, er darf keine durch Fütterung der Bienen (Zuckerlösung, Pollenersatzstoffe etc.) beigemischten Zusätze enthalten.
- Der Honig muss „reif" geerntet worden sein.
- Die zulässigen Wassergehalte dürfen nicht überschritten sein.

- Bei der Gewinnung ist darauf zu achten, dass der Honig sauber gewonnen wird und durch seine Bearbeitung eine einheitliche Konsistenz erhält.
- Ist die Einwirkung von Wärme erforderlich, muss sie so gesteuert werden, dass der Honig keine Wärmeschäden oder Lagerschäden erhält.
- Wird Honig gelagert, so muss dies kühl, dunkel und geruchfrei erfolgen.
- Beim Einfüllen muss das angegebene Gewicht eingehalten werden.
- Man muss auf eine saubere Aufmachung und einen geraden Sitz des Gewährstreifens achten.
- Bei der Sortendeklaration muss man darauf achten, dass nur zutreffende botanische oder allgemeine Sorten angegeben werden.
- Zusatzetiketten auf der Glasrückseite müssen genehmigt werden.
- Die Einhaltung dieser Richtlinien wird durch entsprechende Kontrollen überwacht, bei Verstößen können entsprechende Maßnahmen eingeleitet werden.

Das Anfeuchten erfolgt mit einem Schwamm oder mit einer Kleberolle. Die Rolle läuft in einem kleinen Wasserbad, man darf den Streifen leicht angedrückt darüber ziehen und anschließend an das Glas andrücken.

Zuerst wird der Streifen im Sechseck des Deckels angeklebt und dann heruntergezogen und angedrückt.

Anbringen der Gewährstreifen

Mit dem In-Verkehr-Bringen des Honigs ist der Imker als Lebensmittelunternehmer für die Sicherheit des Lebensmittels verantwortlich. Die Sicherheit muss auf allen Ebenen gegeben sein.

Bevor die gefüllten Gläser in Verkehr gebracht werden, müssen die Aufklebeschilder angebracht werden. Sie müssen mit den gesetzlich geforderten Angaben versehen sein. Häufig werden selbstklebende oder auch gummierte Schilder verwendet. Gummierte Gewährstreifen müssen vor dem Anbringen angefeuchtet werden.

Die Angaben sowie die Schriftgröße müssen den Ausführungen, wie sie im Text genannt sind, entsprechen.

Lebensmittelsicherheit

Wenn alle Angaben auf dem Aufklebeschild gemacht sind, der Honig den Qualitätsanforderungen entspricht und zudem die eingefüllte Honigmenge korrekt gewogen ist, dann ist das Glas verkaufsfertig.

> Der Imker ist Lebensmittelunternehmer in der Primärproduktion und für das eingefüllte Gut verantwortlich. Mit der Angabe eines Mindesthaltbarkeitsdatums ist er für diese Qualität verantwortlich. Die Lebensmittelsicherheit muss auf allen Ebenen der Erzeugerkette gegeben sein.

Andrücken des Klebestreifens.

Das Etikett sollte akkurat aufgeklebt werden.

Wissensfragen

1. Wenn man den Wassergehalt des Honigs messen will, wie muss er beschaffen sein?
2. Welche Angaben müssen auf einem Aufklebeschild gemacht werden?
3. Welche Vorschriften muss man einhalten, wenn Honig in Verkehr gebracht wird?
4. Welche weiteren Bezeichnungen bei einem Honig sind möglich?
5. Was muss man beachten, wenn man Gewährverschlüsse bestellen will?
6. Welche Bedeutung hat die Angabe des Mindesthaltbarkeitsdatums auf den Aufklebeschildern?
7. Welche Aufklebeschilder werden verwendet?

Honiglagerung

Die kurze Erntezeit, die beträchtlichen Ertragsschwankungen und die Notwendigkeit, ernteschwache Jahre mit der Honigverfügbarkeit zu überbrücken, machen die Honiglagerung notwendig. Dafür müssen geeignete Behälter verwendet werden. Sie sollen dem Honig größtmöglichen Schutz gewähren und müssen der Betriebsgröße und der Weiterverarbeitung angepasst sein. Die Behältnisse müssen leicht zu handhaben und der Honig auch in kleineren Mengen (12,5 kg) dem Handel zugeführt werden können. Die beste Eignung haben dicht schließende Edelstahlbehälter mit Spannverschluss. Sie haben aber einen hohen Preis, was manch einen vom Kauf abhält. Sehr häufig werden deshalb preisgünstige Kunststoffeimer mit dem Zeichen für Lebensmittelechtheit (Gabel und Glas) verwendet. Solche Gefäße sind zwar dicht, aber nicht luftdicht. Diesen Mangel nimmt man aber in der Imkerei bei der Anschaffung der Lagerbehälter, des günstigen Anschaffungspreises wegen, in Kauf.

Lagerbedingungen

Honig ist wärme-, licht- und geruchsempfindlich. Zudem zieht er Wasser aus der Umgebungsluft an. Um seine Qualität nicht zu beeinträchtigen, müssen diese Eigenschaften berücksichtigt werden.

Anforderungen an Lagerräume

Lagerräume müssen geruchsneutral, trocken, kühl und dunkel sein. Die besten Lagerbedingungen sind bei höchstens 10 °C und höchstens 50 % relativer Luftfeuchtigkeit gegeben. Diese Bedingungen sind nur selten anzutreffen. Eine gute Lagertemperatur ist auch noch bei 15 °C und einer Luftfeuchtigkeit von 55 % gegeben. Allerdings sollen weder Temperatur noch Luftfeuchtigkeit großen Schwankungen unterliegen. In den ausgewählten Räumen dürfen keine Fremdgerüche vorhanden sein. Werden lichtdurchlässige Gefäße verwendet, müssen diese, um das lichtempfindliche Enzym Glucose-Oxidase zu schützen, abgedunkelt werden. Ansonsten werden fensterlose Räume bevorzugt.

Richtig gelagerter Honig mit trockener Oberfläche.

In feuchten Räumen kann Honig Wasser aus der Umgebungsluft ziehen. Selbst bei gut verschlossenen Behältnissen geschieht dieses wegen den natürlichen Temperatur-, Luftdruck- und Luftfeuchtigkeitsschwankungen. Wegen der ständigen

Luftdruckänderung entweicht immer wieder eine geringe Menge Luft aus dem Lagergefäß und es dringt auch wieder eine winzige Menge Luft ein. Hat die eindringende Luft etwas mehr Wassergehalt, zieht der Honig diese sofort an. Das sind kleinste Mengen, aber der Luftdruck ändert sich ja öfters und immer wieder kommt ein wenig Feuchtigkeit mit. Dadurch kann sich der Wassergehalt, zunächst an der Oberfläche des Honigs, erhöhen, was bei längerer Lagerung Folgen haben könnte.

Bei der Auswahl geeigneter Räumlichkeiten zur Honiglagerung in einer Wohnung oder auch in einem Wohnhaus bemerkt man schnell, wie schwierig die Bedingungen unter einen Hut zu bringen sind. Deshalb werden bei größeren Imkereien teils auch entsprechende Kühlräume oder Kühlcontainer verwendet.

Lagertemperatur und Enzymaktivität

Einer Studie zufolge, die zur Absicherung bezüglich der empfohlenen Fristen zur Mindesthaltbarkeitsangabe durchgeführt wurde, gibt es bei einer Lagertemperatur von konstanten 4 °C über einen Zeitraum von 136 Wochen keinen messbaren Abbau des Enzyms Invertase. Ebenso bildete sich über diesen Zeitraum kein HMF. Auch bei einer konstanten Temperatur von 15 °C wurden nur geringe messbare Veränderungen beobachtet. Die Ergebnisse dieser Studie wurden als Sonderbeilage in D.I.B. Aktuell 1/2013 veröffentlicht. Sie wurden vom Bieneninstitut Celle durchgeführt.

Verblüffend ist das Ergebnis, dass es dann schon ab 18 °C sowohl bei Invertase als auch bei HMF große, die Qualität beeinträchtigende Veränderungen gab. Lagertemperaturen von 20 °C und 25 °C schädigten den Honig so stark, dass er die gesetzlichen Qualitätsanforderungen schon nach einem Jahr nicht mehr erfüllte.

Die folgende Tabelle nach *White (siehe S. 66) zeigt ebenfalls auf, dass Honig bei 10 °C Lagertemperatur sehr langsam an Werten verliert, ab 20 °C Lagertemperatur die Invertase sich jedoch sehr schnell abbaut. Zudem zeigt die Tabelle den Zeitraum, in dem bei einer gegebenen Temperatur die Aktivität der Fermente auf die Hälfte abgebaut wird (Halbwertzeit nach White).

Temperatur	Diastase	Invertase
10 °C	12 600 Tage	9 600 Tage
20 °C	2 400 Tage	820 Tage
25 °C	540 Tage	250 Tage
32,5 °C	126 Tage	48 Tage
40 °C	31 Tage	9,6 Tage
50 °C	15,4 Tage	1,3 Tage
71 °C	4,5 Tage	40 Minuten
80 °C	1,2 Tage	8,6 Minuten

Es handelt sich um Halbwertzeiten. Das heißt, nach dieser Zeit ist die Hälfte der Enzymaktivität abgebaut. Das ist sehr viel, denn ebenso gehen Geruchs- und Geschmacksstoffe verloren. Man muss diesen Abbau durch niedrige Lagertemperaturen so gering wie möglich halten.

Honig ist hygroskopisch

Honig kann Wasser abgeben oder aufnehmen! Die Wasseranziehung wird umso stärker, je kühler die Umgebungsluft ist.
Damit Honig kein Wasser aus der Umgebungsluft aufnimmt, darf die Luft bei

- 10 °C höchstens 54 % Luftfeuchtigkeit haben,
- 20 °C höchstens 60 % Luftfeuchtigkeit haben,
- 30 °C höchstens 70 % Luftfeuchtigkeit haben.

Werden nicht verdeckelte Honigwaben außerhalb des Bienenvolkes aufbewahrt, kann der Honig je nach Temperatur und relativer Luftfeuchtigkeit Wasser aufnehmen oder abgeben.

Honig, der gelagert werden soll, kann zusätzlich mit einer Folie abgedeckt werden, so wird die Wasser ziehende Oberfläche reduziert.

So ist es auch, wenn Honig in offenen Behältnissen aufgestellt wird. Auch in nicht luftdicht schließenden Behältnissen kann Honig dadurch Wasser ziehen. Folgende Tabelle verdeutlicht die Gleichgewichtszustände bei einer Zimmertemperatur zwischen 20 und 22 °C:

Zimmertemperatur 20 bis 22 °C	
Relative Luftfeuchtigkeit	Honig zieht Wasser an oder gibt Wasser ab, bis der Honig folgende Wassergehalte aufweist
52 %	16,1 %
58 %	21,5 %
76 %	28,9 %
81 %	33,9 %

Diese Wasseranziehung kann man auch beobachten, wenn beispielsweise ausgeschleuderte Waben in feuchten Räumen aufbewahrt werden. Bis zum Frühjahr hat der verbliebene Honig so viel Wasser gezogen, dass er ggf. aus den Waben läuft. Vorratswaben sollten deshalb vor dem Aufbewahren zum Auslecken in die Völker gegeben werden oder sie sollten in trockenen Räumen aufbewahrt werden.

Einfrieren des Honigs bei –18 °C

Eine besonders schonende Lagerung des Honigs bietet das Einfrieren in Tiefkühlgeräten oder Tiefkühlräumen bei –18 °C. Es ist eine sehr schonende Lagerung. Der Verlust an Enzymen, Geruchs- und Geschmacksstoffen ist hierbei kaum messbar.

Auch Honiggläser, die eingefroren werden, gehen nicht zu Bruch. In eingefrorenem Zustand ist auch die Kristallbildung weitestgehend eingefroren. Während einer Lagerzeit von wenigen Monaten bilden sich wenige Kristalle, der einzufrierende Honig muss dazu aber frei von Keimkristallen sein. Bei der Entnahme nach ca. 4 Monaten wird der Honig bei Zimmertemperatur wieder flüssig. Bei längerer Tiefkühlung als 4 bis 5 Monaten bilden sich Kristalle. Wegen der geringen Temperatur können sich nur feinste Kristalle bilden. Wird Honig tiefgekühlt aufbewahrt und später verkauft, ist auf dem Behältnis „aufgetaut" anzugeben.

Weiterverarbeitung des gelagerten Honigs

Sehr viele Honige haben die Eigenschaft, dass sie während einer längeren Aufbewahrungszeit kristallisieren. Das betrifft den Honigvorrat im Haushalt genauso wie Honig, der in der Imkerei für einen späteren Verkauf gelagert werden muss. Üblicherweise wird er in dafür vorgesehenen Lagerbehältern mit 12,5, 25 oder auch 40 kg Fassungsvermögen aufbewahrt. Der Welthonighandel arbeitet mit 300 kg fassenden Fässern. Steht der gelagerte Honig dann zum Verkauf an, muss er dazu in Verkaufsgebinde gefüllt werden. Hierzu wird Honig verflüssigt. Die Verflüssigung erfolgt durch Erwärmung. Hierbei können wichtige Enzyme des Honigs wie z. B. Invertase, Diastase, Glukoseoxidase, Katalase und andere Inhaltsstoffe in Mitleidenschaft gezogen werden. Auch Geruchs- und Geschmacksstoffe werden evtl. reduziert. Im Gegenzug wird HMF (Hydroximethylfurfural) aufgebaut.

Es ist zu prüfen, ob der Honig wirklich verflüssigt werden soll oder ob ggf. auch die Erwärmung bis zum Erreichen der Fließfähigkeit des Honigs ausreicht. Verflüssigt wird ein Honig dann, wenn er in flüssiger Form abgefüllt und so auch verkauft werden soll. Das macht man bei Honigen, die dann auch längere Zeit (ca. zwei Monate) flüssig bleiben. Werden schnell kristallisierende Blütenhonige verflüssigt, tut man weder dem Kunden noch dem Honig einen Gefallen, denn oft beginnt die Kristallisation schon zwei Wochen später erneut. Mehrmaliges Erwärmen des Honigs muss vermieden werden, weil dies immer qualitätsmindernde Spuren hinterlässt.

Es ist von großer Bedeutung, den Bearbeitungs- und Vermarktungsprozess so zu organisieren, dass Wärmeeinwirkungen so gering wie möglich sind.

Geräte

Zur Honigverflüssigung eignen sich insbesondere:

- ein Wärmeschrank,
- ein Kochautomat oder Einkochtopf,
- ein Tauchwärmer oder Api Therma Auftauer,
- das Honigverflüssigungsgerät Melitherm oder Dana Api Megatherm.

Bei einer sorgfältigen Erwärmung mit einem der vier Geräte auf 40 °C wird die Honigqualität sehr wenig oder gar nicht beeinträchtigt. Erhöht man die Temperatur auf 50 oder gar 60 °C, könnten Qualitätsverluste eintreten.

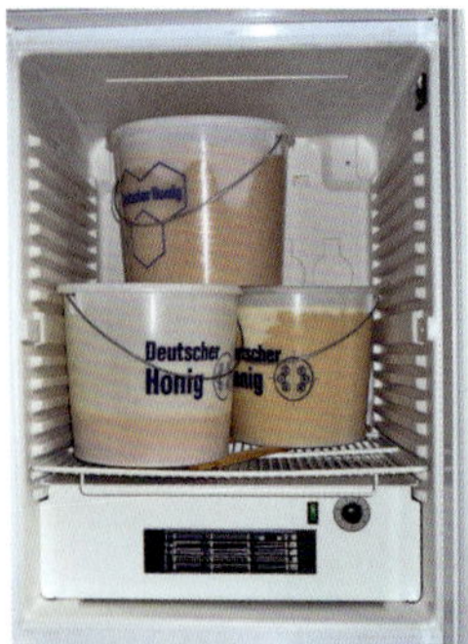

Blick in einen Wärmeschrank: Honig wird verflüssigt oder zur Bearbeitung aufgeweicht.

Elektrischer Einkochtopf. Der Honigeimer muss auf einem Gitter stehen und der Deckel wegen der Wasseranziehung geschlossen sein.

Melitherm mit Seihsack und Heizspirale.

WÄRMESCHRANK

Wärmeschränke werden elektrisch beheizt. Ein Umluftsystem sorgt für eine gleichmäßige Erwärmung der eingestellten Gefäße. Die Temperatur kann stufenlos von 30 bis 80 °C eingestellt werden. Die Erwärmung auf 32 °C dauert ca. 24 Stunden. Werden Kühlschränke als Wärmeschränke umgebaut, muss man für eine gute Luftzirkulation und einen genau arbeitenden Thermostat sorgen und die verwendete Wärmequelle darf kein Licht erzeugen.

ELEKTRISCHER EINKOCHTOPF / KOCHAUTOMAT

Wird zum Verflüssigen ein Einkochtopf verwendet, muss darauf geachtet werden, dass der Honigeimer auf einem Einlegegitter steht. Im Wasserbad muss der Eimer wegen des Wasserdampfes dicht verschlossen sein, auch muss man versuchen, den noch festen Honig der Mitte von Zeit zu Zeit nach außen zu bringen, dann geht die Verflüssigung schneller und schonender. Bei jeder Erwärmung und Verflüssigung ist sowohl auf die Temperatur als auch auf die Zeit der Wärmeeinwirkung zu achten.

MELITHERM

Wegen der kurzen Kontaktzeit an der Heizspirale arbeitet der Meltiherm schonend. Soll der Honig klarflüssig werden, muss er kurzzeitig bis 50 °C erwärmt werden. Dies geht am schnellsten im Melitherm-Schmelzgerät, dabei hat man nur eine relativ kurze Kontaktzeit an der Heizspirale, danach kühlt der Honig bereits wieder ab.

TAUCHWÄRMER

Der Tauchwärmer wird bei seinem Einsatz mit den Heizschlangen auf den kristallisierten Honig gestellt. Damit das Gerät nicht kippen kann, gibt es eine Haltevorrichtung. Nach Erwärmung der Heizspirale schmilzt der Tauchwärmer immer tiefer in den zu lösenden Honig hinein. Die gewünschte Temperatur kann mit dem eingebauten Thermostat eingestellt werden. Nach Beendigung des Schmelzvorgangs kann man es mithilfe der Haltevorrichtung abtropfen lassen.

Mikrowellengeräte sind nicht zur Honigverflüssigung geeignet, denn Mikrowellen zerstören die Enzyme. Selbst auf der niedrigsten Garstufe werden alle Enzyme abgebaut. Im Mikrowellengerät verflüssigter Honig erfüllt die gesetzlich geforderte Enzymaktivität nicht mehr.

Tauchwärmer mit Stativ.

Bearbeitung des gelagerten Honigs

Im Kapitel Rühren (S. 42) wurden die Geräte und Arbeitsweisen des Honigrührens behandelt. Dabei wurde speziell der Weg, der sich an die Gewinnung anschließt, beschrieben.

Nicht immer reicht während der Saison die Zeit, um den geernteten Honig auch gleich in Gläser zu füllen. Er wird deshalb in Lagerbehältern aufbewahrt, bis seine Weiterverarbeitung erfolgen kann.

Nachfolgend werden die gängigen Methoden, um den Honig ins Glas zu bringen beschrieben. Diese Methoden werden vorwiegend bei schneller kristallisierenden Blütenhonigen angewendet. Sie sind jedoch ebenso geeignet, um einen streichfähigen bzw. cremigen Waldhonig herzustellen.

CREMIGER HONIG DURCH TEMPERIEREN UND RÜHREN

Dieses Verfahren empfiehlt sich bei kristallisiertem Honig, der sorgfältig gewonnen, gesiebt und abgeschäumt wurde. Der kristallisierte Honig wird auf 32 bis 34 °C erwärmt. Diese Temperatur sollte so genau wie möglich eingehalten werden. Ist er zu kalt, tut man sich mit dem Rühren schwer, ist er zu warm, schmelzen schon die ersten Kristalle. Beides soll nicht sein. Bei dieser Temperatur ist der Honig leicht zu bearbeiten. Hat man 12,5-kg-Lagerkübel, können je nach Abfüllkübelgröße immer 2 oder mehr in diesen eingefüllt werden. Alle beschriebenen Rührverfahren können angewendet werden. Beim ersten Rührvorgang liegt man mit der Honigtemperatur bei ca. 32 °C. Anschließend sollte der Abfüllkübel weiter temperiert bleiben. Bis zum nächsten Rühren und darauffolgenden Abfüllen sollte die Honigtemperatur wegen des Fließverhaltens nicht unter ca. 23 °C absinken. Unter Einhaltung der Vorgehensweise und der angegebenen Temperaturen wird eine spätere „Blütenbildung" ausgeschlossen. Auch bei dieser Methode wird die Honigqualität nicht messbar beeinträchtigt.

Melitherm ohne Seihtuch zum Aufweichen des kristallisierten Honigs von „unten gesehen“.

CREMIGER HONIG MIT DEM MELITHERM

Ist gelagerter und kristallisierter Blütenhonig sorgfältig gesiebt und abgeschäumt, kann er zur Bearbeitung im Melitherm in eine geeignete Konsistenz gebracht werden. In seiner üblichen Position steht der Melitherm auf einem Abfüllkübel. Das Gerät wird dabei ohne Seihtuch verwendet. Aus den Lagerkübeln wird der kristallisierte Honig direkt auf die Heizspirale gegeben. Der Schmelzvorgang beginnt sofort. Ohne dass der Honig in eine flüssige Konsistenz übergeht, fließt er zwischen den Heizspiralen in den Abfüllkübel. Der weiche Honig soll dann eine Temperatur von ca. 30 °C haben, er wird alsbald, solange er noch warm ist, gerührt. Dem folgen dann noch, je nach Bedarf, ein oder zwei weitere Rührvorgänge, bis die gewünschte Konsistenz erreicht ist. Bis zum Abfüllen sollte die Honigtemperatur wegen der erforderlichen Fließfähigkeit nicht unter gut 20 °C (23 °C) absinken. Diese Methode schließt eine spätere „Blütenbildung“ aus. Auch ergibt sich bei dieser Methode keine messbare Schädigung des Honigs.

CREMIGER HONIG MIT DEM RAPIDO

Der saubere, kristallisierte und auf ca. 32 °C temperierte Honig kann, wie oben beschrieben, auch mit dem sogenannten Rapido bearbeitet werden. Mit diesem Rührer arbeitet man, wegen des kleinen Rührtellers, mit relativ hoher Drehzahl.

Durch das Temperieren und Bearbeiten mit der hohen Drehzahl ergeben sich sehr kleine Kristalle. Weil man die Behälterwand beim Rühren möglichst nicht berühren sollte, erreicht man keine vollständige Homogenität. Der soweit bearbeitete Honig sollte deshalb nach dem ersten Rühren in einen Abfüllkübel umgefüllt werden. Honig, der an der Lager-Behälterwand haftet, wird ausgestrichen und anschießend wiederum eingerührt. Wird durch die hohe Drehzahl Luft eingearbeitet, sollte der Honig anschließend bei ca. 23 °C mindestens zwei Tage ruhen, damit die Luft entweichen kann. Bezüglich des weiteren Vorgehens ist ebenso zu verfahren, wie oben beschrieben. Werden die Temperaturen und Vorgehensweisen eingehalten, bekommt man damit ebenfalls einen feinen streichfähigen Honig. Eine spätere „Blütenbildung“ im Glas ist damit unwahrscheinlich. Auch die Qualität wird nicht messbar beeinträchtigt.

CREMIGER HONIG DURCH IMPFEN

Impfen wird praktiziert, um bei einem nur langsam kristallisierenden Honig die Kristallbildung anzustoßen oder ggf. zu beschleunigen. Beim Impfen des Honigs wird eine Art Modellhonig in einen noch flüssigen oder wieder verflüssigten Honig gegeben. Man erreicht damit eine schnellere und gezielte Kristallisation. Der Modellhonig soll weich sein, darf aber keinesfalls flüssig sein, sonst sind die Modellkristalle verschwunden. Der Anteil sollte mindestens 1 %, besser 10 % betragen. Beide Honige sollten eine Temperatur von 22 bis 28 °C haben. Der Modellhonig

Impfen des Honigs.

muss vollständig in den flüssigen Honig eingearbeitet werden. Das geschieht durch Rühren, was man ggf. öfter wiederholen muss.
Modellhonig ist Honig aus einer früheren Charge mit der Eigenschaft, dass er nur sehr feine Kristalle hat. Impfen kann sowohl bei frisch gewonnenem Honig nach dem Sieben und Abschäumen oder bei einem wiederverflüssigten Honigs praktiziert werden. An den feinen Kristallen des Modellhonigs bilden sich schnell weitere Kristalle. Schon nach einem Tag – je nach Honigzusammensetzung – ist die Kristallisation fortgeschritten und es muss wieder gerührt werden. Die zugegebene Menge des Modellhonigs und die Kristallisationseigenschaft des flüssigen Honigs entscheiden, wie oft man das Rühren wiederholen muss. Oftmals, vor allem bei sehr reichlicher Modellhonigzugabe, kann man schon nach einem weiteren Rührvorgang abfüllen.

VORGEHENSWEISE

- Die zu impfende Honigmenge befindet sich in einem geeigneten Gefäß (Abfüllkübel). Es muss noch Raum für den Modellhonig gegeben sein.
- Der Modellhonig ist temperiert.
- Je nach Verfügbarkeit kann man nur 1 %, besser jedoch 5 % oder auch 10 % Modellhonig zugeben. Je mehr man hinzufügt, desto schneller erreicht man die gewünschte Konsistenz. Wichtig ist eine vollständige Homogenisierung.
- Zum Rühren eignen sich alle vorher beschriebenen Rührverfahren.
- Ein schnelles Kristallwachstum erreicht man bei einer Honigtemperatur um ca. +15 °C. Zur späteren Abfüllung sollte der Honig wieder wärmer sein.

Wissensfragen

1. Welche Ansprüche werden an die Lagerbedingungen gestellt?
2. Welche Gefäße sind zur Honiglagerung geeignet?
3. Wieviel Nektar benötigen die Bienen, um ungefähr 1 kg Honig zu erzeugen?
4. Warum müssen Lagerräume dunkel sein?
5. Worauf muss man bei der Honigverflüssigung achten?
6. Warum soll Honig möglichst schonend erwärmt werden?
7. Wenn Mikrowellengeräte zur Honigverflüssigung eingesetzt werden, was hat das für Folgen?
8. Wann kann Honig sogenannte Blüten bilden?
9. Was bedeutet Impfen des Honigs?

Beurteilung des Honigs

In diesem Kapitel werden die Inhaltsstoffe des Honigs, sortenspezifische Eigenschaften, Besonderheiten, mögliche Rückstände, Honigverfälschungen, Melezitosehonig, das Deutsche Lebensmittelbuch sowie Bio- und Manuka-Honig behandelt.

Inhaltsstoffe des Honigs

Honig ist eine natürliche Komposition verschiedener Zuckerarten mit beachtlichem Gehalt an Mineralstoffen, Enzymen, Säuren, Hormonen, Aromastoffen, Vitaminen etc. Die Analyse von 500 Honigproben ergab diese Durchschnittswerte (nach *White):

- Fructose (Fruchtzucker): 38,2 %
- Glucose (Traubenzucker): 31,2 %
- Saccharose (Rohrzucker): 1,5 %
- Maltose (Malzzucker) und höhere Zucker: 7,0 %
- Mineralgehalt (Kaliumphosphat, Mangan, Co, Cu, Fe): 1,1 %
- Aromastoffe, insgesamt ca. 120 verschiedene, teilweise mit bakterizider Wirkung
- Vitamine, insbesondere der B-Gruppe B_1, B_2, B_6 und auch Vitamin C
- Säuren, Glucon-, Apfel-, Zitronen- und Milchsäure
- Hormone, z. B. Azetylcholin
- Enzyme: Invertase, Diastase, Glucose-Oxidase, Phosphatase, Katalase

*Dr. Jonathan White von der Honigforschungsstelle des US-amerikanischen Landwirtschaftsministeriums in Philadelphia (USA) brachte einige Honiganalysen auf den Weg. Sie haben zu einem großen Teil auch heute noch Gültigkeit und finden auch in Deutschland fast selbstverständlich Anwendung bzw. Berücksichtigung.

100 g Honig haben 360 Kalorien, das sind ca. 1 400 Joule. Honig ist ein Publikumsliebling: Einer Umfrage zufolge wird er in drei Viertel aller deutschen Haushalte verwendet, insbesondere als Brotaufstrich oder als natürliches Süßungsmittel.

Sortenbestimmung

Die pflanzlichen Aroma-, Farb- und Mineralstoffe, die speziellen Zuckerzusammensetzungen, die wasserunlöslichen Bestandteile und andere Stoffe sind im Nektar oder Honigtau, der von den Bienen gesammelt wird, enthalten. Diese charakteristischen Merkmale bleiben bis zum fertig bereiteten Honig erhalten. Die unterschiedlich schmeckenden Honige und die Honigsorten gehen von den Trachtpflanzen aus. Nach der Honig-Verordnung kann Honig dann mit einer botanischen (spezifischen) Sortenangabe in Verkehr gebracht werden, „wenn der Honig vollständig oder überwiegend den genannten Blüten oder Pflanzen entstammt und die entsprechenden organoleptischen, physikalisch-chemischen und mikroskopischen Merkmale aufweist“. Unter vollständig oder überwiegend versteht man einen Anteil von mindestens 60 %.

Bei Warentests und sonstigen Test-Organisationen führt die falsche oder nicht korrekte Sortenbezeichnung des Honigs zu den häufigsten Beanstandungen und Abwertungen des deutschen Honigs.

Verkehrsbezeichnungen – Waldhonig und Blütenhonig

Nach der Honigverordnung gibt es sogenannte Verkehrsbezeichnungen. Demnach könnte Blütenhonig auch Nektarhonig und Waldhonig müsste Honigtauhonig genannt werden. Im Sprachgebrauch ist für Honigtauhonig der Begriff Waldhonig üblich. Damit die über Jahrzehnte hindurch verwendete Bezeichnung Waldhonig rechtsmäßig werden konnte, musste die EU-Kommission dieser Bezeichnung zustimmen. Die Bezeichnung Waldhonig darf demnach aber nur verwendet werden, wenn der Honig tatsächlich auch aus dem Wald stammt.

Die organoleptische Beurteilung

Die organoleptische oder sensorische Beurteilung beinhaltet die Kriterien, die ich mit meinen Sinnesorganen Auge, Nase und Gaumen wahrnehmen kann.

Hierbei werden die Farbe des Honigs, der Geruch, der Geschmack und die Kristallisationseigenschaften zur Sortenbestimmung herangezogen. Man benötigt viel Erfahrung darüber, wie die eine oder andere Sorte schmeckt und dazu eine feine Nase und einen feinen Gaumen, um die unterschiedlichen Sorten zu erkennen.

Blütenhonige erscheinen im Glas weiß, hell-, gold- bis dunkelgelb und haben ein der Pflanze entsprechendes Aroma. Sie kristallisieren in der Regel schnell. (Ausnahme z. B. Akazienhonig).

Waldhonige haben eine hell- bis dunkelbraune Farbe und einen dafür typischen harzig-würzigen Geruch und Geschmack. Fichtenhonig hat eine säuerliche Komponente im Geschmack. Meist hat er eine rotbraune und Tannenhonig meist eine dunkelgrüne Färbung. Die Kristallisation erfolgt, wenn er in überwiegend reiner Form vorliegt, erst nach mehreren Wochen.

Mit diesen wenigen Merkmalen, einfachen Kriterien und Kenntnissen kann man bei entsprechender Übung die Sorte richtig treffen. Als praktizierender Imker hat man den Vorteil, dass man anhand des Sammelzeitraumes sehen und verfolgen kann, welche Tracht vorherrschte oder von den Bienen genutzt wurde. Daraus kann man Rückschlüsse ziehen und durch viele Vergleiche die zutreffende Sorte herausfinden.

Die folgende Tabelle zeigt die Eigenschaften von Blütenhonig und Honigtauhonig auf. Sie stellt ein grobes Unterscheidungsraster dar.

Eigenschaft	Blütenhonig	Honigtauhonig
Farbe	weiß, hell-, gold-, dunkelgelb	hell- bis dunkelbraun, rötlichbraun
Geruch	aromatisch, pflanzentypisch	harzig, malzig
Geschmack	viel Süße, aromatisch	weniger Süße
Kristallisation	Schnell: 1 bis 4 Wochen	6 Wochen bis 6 Monate
Mikroskopisches Bild	Pollen, ggf. Leitpollen	Pollen und Pilz- und Algenelemente
Elektrische Leitfähigkeit	um 0,5 mS/cm	mindestens 0,8 mS/cm

Ausnahmen gibt es bei Edelkastanienhonig: Er ist rötlich-braun und Buchweizenhonig ist dunkelbraun.

DIE FARBE DES HONIGS

Die Farbe des Honigs ist ein bedeutendes Unterscheidungsmerkmal. Auch wenn sie nur ein Merkmal von vielen ist, hilft sie, den zu beurteilenden Honig einer Sorte zuzuordnen.

Beim Honighandel in den deutschsprachigen Ländern wird die Farbe nach dem augenscheinlichen Eindruck beschrieben. Anders sieht es beim internationalen Honighandel aus. Da ist es üblich, die Farbe des Honigs bzw. einer Honigsorte in mm-Pfund-Graden anzugeben. Zur Farbbestimmung des zu beurteilenden Honigs verwendet man Pfund-Color-Grader oder das Tintometer Lovibond. Die Messgeräte und die Farbbestimmung kommen aus den USA. Der zu prüfende Honig wird dabei in Küvetten gefüllt und dann mit den dazugehörenden Farbskalen abgestimmt. Die Tabelle soll einen Einblick in die verwendeten Werte geben.

Farbangaben	Pfund-Grade mm
Wasserweiß oder wasserklar	0–8
Extra weiß oder extra hell	8–16,5
Weiß oder hell	16,5–34
Extra hell-bernsteinfarben	34–50
Hell bernsteinfarben	50–85
Bernsteinfarben	85–114
Dunkel	über 114

Honigfarben: schwarz (z. B. Tannenhonig), weiß (z. B. Rapshonig), hellgelb (z. B. Blütenhonig), goldgelb (z. B. Sonnenblumen- oder Löwenzahnhonig).

Untersuchung im Honiglabor

Will man eine Sortenbezeichnung verwenden und ist selbst nicht sicher, ist eine Honiguntersuchung in einem der Honiglabors unerlässlich. Eine falsche Sortenbezeichnung sollte nicht gewagt werden. Eine Analyse zur Sortenbestimmung beinhaltet die Messung des Wassergehaltes, eine Pollenanalyse, Messung der elektrischen Leitfähigkeit, Messung der Enzymgehalte und eventuell Messung des HMF-Gehaltes. Zur Übung und Absicherung sollte man sie öfter in Anspruch nehmen.

Die mikroskopische Untersuchung

Im mikroskopischen Bild eines Blütensortenhonigs ist der Pollen der Pflanze, wonach der Honig genannt werden soll, besonders häufig vertreten. Er tritt in der Regel als Leitpollen auf und hat einen Anteil von mindestens 45 % des Gesamtpollens. Fachkräfte in den Honiglabors benötigen viel Erfahrung und umfangreiche Spezialkenntnisse, denn für jede Probe müssen mindestens 500 Pollen ausgezählt werden, wobei jeder Einzelpollen erkannt und zugeordnet werden muss. Sonst ist eine Auszählung zwecklos.

POLLEN ÜBER- ODER UNTERREPRÄSENTIERT

Blüten und Pflanzen haben Eigenarten, auch in der Hinsicht, dass einzelne viel Nektar, aber kaum Pollen liefern. Andere Blüten sind anatomisch so gebaut, dass der Pollen schon in der Blüte in den Nektar fällt und der daraus gewonnene Honig eine Fülle von Blütenstaub enthält. Fachkräfte der Honiguntersuchung benötigen das Wissen darüber, welcher Pollen einer Pflanze in einem Honig normal-, über- oder unterrepräsentiert ist. Überrepräsentiert heißt, dass viel Pollen in einem Honig von einer Pflanze enthalten ist, obwohl davon ganz wenig Nektar bzw. Honig enthalten ist.

Waldhonige weisen im mikroskopischen Bild ebenfalls viel Pollen verschiedener Pflanzen auf. Dieser Pollen zeigt lediglich die Pflanzen an, wovon sich das Bienenvolk während der Waldtracht mit Pollen versorgt hat. Einen deutlichen Unterschied erkennen die Fachkräfte, wenn sich im mikroskopischen Bild Pilz- und Algenelemente und eine kristalline Masse auf dem Objektträger befinden. Dies ist ein deutlicher Hinweis, dass dieser Honig aus einem Anteil oder auch ausschließlich aus Honigtau erzeugt wurde.

Die physikalisch-chemische Untersuchung

Je nach Anlass oder Ziel der Untersuchung wird hierbei eine Vielzahl an Parametern untersucht. Die Messung der elektrischen Leitfähigkeit (eL) des Honigs ist ein Teil davon. Mit ihr erhält man eine Auskunft über die Sortenzugehörigkeit des Honigs.

Ein Konduktometer wird in die Messlösung getaucht. Anzeige: 1 110 Mikrosiemens = 1,11 mS/cm.

WERTE DER ELEKTRISCHEN LEITFÄHIGKEIT (EL):

- Blütenhonig hat eine geringe eL, sie liegt im Bereich von 0,5 mS/cm.
- Wird ein Honig mit der Sorte Waldhonig bezeichnet, muss die eL mindestens 0,8 mS/cm betragen.
- Bei Tannenhonig wird eine eL von 1,1 mS/cm verlangt.
- Honig mit Werten von 0,5 bis 0,75 mS/cm dürfte aus gemischter Tracht stammen.

Ausnahmen bestehen z. B. bei Edelkastanienhonig: Er weist Werte um 1,5 mS/cm auf.

Ausführungen zur elektrischen Leitfähigkeit des Honigs

Die elektrische Leitfähigkeit (eL) des Honigs ist ein zusätzliches Kriterium, um seine Herkunft zu bestimmen und um ihn ggf. einer Sorte zuzuordnen. Die Inhaltsstoffe des Honigs, speziell die Mineralstoffe, verleihen einer aus Honig und destilliertem Wasser hergestellten Messlösung die Eigenschaft, Strom zu leiten.

Es gibt Erfahrungswerte darüber, welcher Honig von welchen Pflanzen mehr oder weniger Mineralstoffe enthält. Im Allgemeinen haben Honigtauhonige einen höheren Mineralstoffgehalt als Blütenhonige.

Zur Messung der eL muss eine spezielle Messlösung hergestellt werden. Dabei wird in eine genau bestimmte Menge von destilliertem Wasser eine genau bemessene Menge Honig gegeben. Das destillierte Wasser wird dadurch ionisiert. Die Leitfähigkeit ist wegen den unterschiedlichen Mineralstoffgehalten der Honige von unterschiedlicher Stärke. Die Werte der eL sind im Allgemeinen sehr gering. Sie werden in Millisiemens pro Zentimeter (mS/cm) angegeben. Bei Blütenhonig ist die eL in der Regel am Niedrigsten, aber auch da gibt es Ausnahmen.

DIE EL SELBST MESSEN

Üblicherweise wird die eL im Honiglabor gemessen. Zur eigenen Orientierung darüber, welcher Sorte ein Honig zugerechnet werden kann, kann man die eL auch selbst messen. Hierfür kann man das Trachtenset der Fa. Kübler, oder das Leitwertmessgerät – Konduktometer der Firma Holtermann benutzen. Die Messung ist einfach, aber man muss genau und sauber vorgehen. Zur Vorgehensweise muss man die mitgelieferte Anleitung befolgen.

Zuerst wird der Wassergehalt des Honigs gemessen, dies ist wichtig, denn die Menge des destillierten Wassers richtet sich nach dem Wassergehalt des Honigs. Sie ist einer Tabelle der Anleitung zu entnehmen. Man muss auf eine homogene Lösung achten, insbesondere muss der gesamte Honig gelöst werden. Sobald die Messlösung fertig ist, wird eines der elektronischen Messgeräte eingeschaltet und mit seinen beiden Polen in die Lösung getaucht. Das Gerät zeigt den entsprechenden Wert auf dem Display an. Er wird in Tausendstel Millisiemens je cm, also µS/cm angezeigt.

Es empfiehlt sich, die Messungen zu wiederholen. Mit den abgelesenen Werten hat man einen weiteren Anhaltspunkt, um den zu beurteilenden Honig einer Sorte zuzuordnen.

Damit das Gerät keinen Schaden nimmt, muss es jeweils sorgfältig mit sauberem Wasser gereinigt werden.

Mit diesen Gerätschaften kann man die eL messen (Trachtenset).

Prüfbericht einer Honiguntersuchung

Im Prüfbericht einer Honiguntersuchung werden die Ergebnisse der mikroskopischen Untersuchung (wieviel Pollen von welcher Pflanze), die Ergebnisse der eL, ggf. die Werte der Invertaseaktivität und des Wassergehaltes festgestellt. Der Bericht enthält eine Empfehlung der zu verwendenden Honigsortenbezeichnung. Die Untersuchung erfolgte für die eingereichte Honigprobe und ist auch ausschließlich für die untersuchte Honigprobe erstellt. Logischerweise darf dann nur der identische Honig die empfohlene Bezeichnung tragen.

In diesem kurzen Exkurs in das Honiglabor und die Mikroskopie geht es lediglich darum, aufzuzeigen, welche Möglichkeiten es gibt, um herauszufinden, wo die Bienen gesammelt haben und wie vorgegangen werden muss, um eine Sortenbezeichnung zu sichern. Honiguntersuchungsstellen sind eine bedeutende Einrichtung. Die Honiguntersuchungsstelle des D.I.B. und weitere Labore nehmen Untersuchungsaufträge (Orientierungsproben und Vollanalysen) zu Echtem Deutschen Honig an.

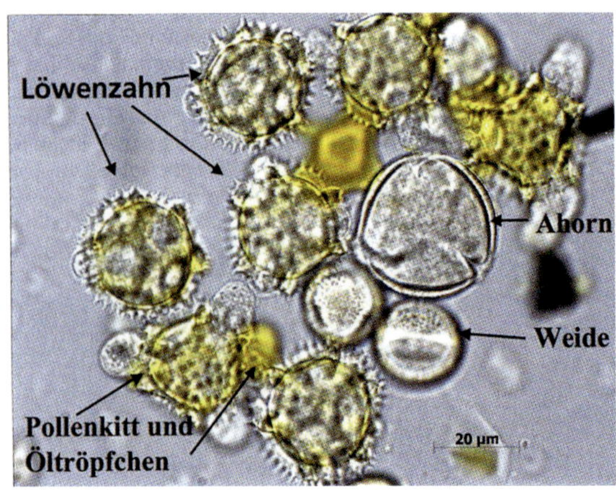

Sediment eines Löwenzahnhonigs.
Quelle: Dr. Dr. Horn

Das gesamte Spektrum der Honiguntersuchung ist unverzichtbar. Zu viele kriminelle Kräfte gefährden den wertvollen Honig durch Verfälschungen. Das Fachwissen der Mitarbeiter in den Labors ist wesentlich, um Honigverfälschungen zu verhindern bzw. aufzudecken. Immer wieder kommt es vor, dass in Honigen, die das Herkunftsland Deutschland tragen, Pollen von Pflanzen enthalten sind, die es hier nicht gibt (ausländische Pollen). So etwas ist ein deutliches Zeichen der Honigverfälschung.

Besonderheit des Pollenbildes: Im Pollenbild eines Honigs kann man die von den Bienen besuchten Pflanzen einer Region eindeutig identifizieren. Mit dem im Honig enthaltenen Pollen kann man deshalb auch eine botanische Landkarte erstellen.

Umgang mit der Sortenbezeichnung

Sortenbezeichnungen auf den Honiggebinden werden laut Verordnung nicht verlangt. Das ist die eine Seite. Die andere: Die Absatzchancen werden durch die Sortenangabe deutlich verbessert. Und der Honigfreund wählt seine gewohnte Honigsorte.

Eine Sortenangabe ist aus diesen Gründen fast unerlässlich. Man unterscheidet zwischen botanischen (spezifischen) Bezeichnungen und allgemeinen (unspezifischen) Bezeichnungen und es gibt die Möglichkeit, eine allgemeine (unspezifische) Bezeichnung mit einer botanischen (spezifischen) Bezeichnung zu kombinieren.

Botanische (spezifische) Bezeichnungen

Beispiele für botanische (spezifische) Bezeichnungen sind Rapshonig, Kleehonig, Löwenzahnhonig, Lindenhonig, Akazienhonig, Sonnenblumenhonig, Edelkastanienhonig, Heidehonig und Fichtenhonig.

PRAXISBEISPIEL FÜR EINE BOTANISCHE (SPEZIFISCHE) SORTENBEZEICHNUNG

Die Bienenvölker sind trachtreif und stehen am Rapsfeld. Die Rapskultur, viele Hektare, beginnt zu blühen. Der erste Honigraum wird gegeben, auch der zweite und auch noch der dritte. Nach drei Wochen ist die Rapsblüte zu Ende und alle Honigräume sind voll. Es hat in dieser Zeit kaum Konkurrenztracht aus Obst oder Löwenzahn gegeben. Es wird geschleudert, der Honig hat das charakteristische Rapshonigaroma, er wird nach den üblichen Methoden gewonnen und bearbeitet. Nach dem Sieben und Klären beginnt auch schon die Kristallisation. Der Honig wird mit einer der beschriebenen Methoden bearbeitet (gerührt), abgefüllt – im Glas erscheint er weiß. Es gibt keinen Zweifel, es handelt sich um Rapshonig. Hier ist die botanische (spezifische) Sortenbezeichnung in trockenen Tüchern.

Allgemeine (unspezifische) Bezeichnungen

Beispiele für allgemeine (unspezifische) Bezeichnungen sind Blütenhonig, Frühjahrsblütenhonig, Frühtracht, Sommertracht, Wald- und Blütenhonig und Waldhonig.

PRAXISBEISPIEL FÜR EINE ALLGEMEINE (UNSPEZIFISCHE) SORTENBEZEICHNUNG

Die Bienenvölker sind trachtreif, der Honigraum wird gegeben, die Weidenblüte beginnt, liefert eine gute Tracht, es schließt sich die Stein- und Kernobstblüte an, sie wird auch genutzt. Es wird auch der zweite Honigraum gegeben. Mit der Wiesenblüte, Löwenzahn, Rotklee, Wiesenstorchschnabel und Wiesensalbei können die Völker auch den zweiten Honigraum füllen. Der Honig wird gewonnen und nach den Beschreibungen bearbeitet, auch gerührt und in Gläser gefüllt. Er erscheint im Glas schwach gelb oder gelb. Es handelt sich um einen Vielblütenhonig. Eine botanische (spezifische) Sortenbezeichnung ist deshalb nicht möglich. In diesem Fall wählt man eine allgemeine (unspezifische) Sortenbezeichnung wie „Blütenhonig“ oder „Frühjahrsblütenhonig“. Mit den allgemeinen (unspezifischen) Bezeichnungen kann man kaum etwas falsch machen. Auch spiegelt so ein Honig die Vielfalt der Pflanzenwelt wider. Im Bouquet solch eines Honigs begegnet man dieser Vielfalt wieder.

Auch die Sortenbezeichnung Wald- und Blütenhonig gehört zu den allgemeinen (unspezifischen) Bezeichnungen. Die organoleptischen, chemisch-physikalischen und mikroskopischen Merkmale müssen auch bei dieser Sortenbezeichnung gegeben sein. Vom D.I.B. wurde als Mindestgrenze für die elektrische Leitfähigkeit 0.7 mS/cm festgelegt. Seine Farbe ist bernsteinfarben bis braun.

Allgemeine (unspezifische) mit botanischen (spezifischen) Bezeichnungen

Beispiele für allgemeine (unspezifische) mit botanischen (spezifischen) Bezeichnungen sind Sommerhonig mit Heide, Sommertracht mit Linde und Waldhonig mit Edelkastanie etc.

PRAXISBEISPIEL FÜR EINE DOPPELBEZEICHNUNG

Die Honigräume konnten aus der bisherigen Sommertracht erst zu zwei Drittel gefüllt werden, jetzt beginnt die Linde zu blühen. Die Honigräume werden gefüllt, es wird geschleudert und der Honig nach den beschriebenen Methoden bearbeitet und in Gläser gefüllt. Es soll eine Sortenbezeichnung angegeben werden. Weil ein geringerer Teil des Honigs, der Lindenhonig, den Geruch und Geschmack dominiert, wählt man die Bezeichnung „Sommertracht mit Linde". So kann sich der Kunde auf das typische Lindenblütenaroma mit einem intensiven medizinisch-mentholartigen Geruch und Geschmack einstellen. Es sollen ungefähr 30 % des geschmacksdominierenden Honigs enthalten sein.

Sortenhonig durch gezielte Trachtwanderung

Eine andere imkerliche Praxis ist es, botanische Sortenhonige gezielt zu gewinnen. Dazu werden verschiedene Trachten angewandert oder die Völker werden so geführt, dass zu dem erwarteten Trachtbeginn die Honigräume leer sind. Bleibt Honig einer Vortracht in den Völkern und die angewanderte Tracht setzt ein, gibt es zwei Möglichkeiten: Entweder man entfernt die Waben des Honigraumes mit dem Inhalt der Vortracht und ersetzt sie mit Leerwaben oder man erhält einen Mischhonig. Eine spätere Trennung ist nicht mehr möglich. Sicherlich, das ist mit Aufwand verbunden, deshalb sind höhere Preise für Sortenhonige gerechtfertigt.

Voraussetzung für die Nutzung einer jährlich wiederkehrenden Tracht ist, dass die Völker bei Trachtbeginn auch leistungsfähig sind. Nur starke Völker können eine manchmal nur kurze Tracht auch schlagkräftig nutzen. Wer eine größere Völkerzahl hat, wird für die zu nutzende Tracht eine Staffel auswählen, die leistungsstark ist. Bei dieser Staffel werden kurz vor Trachtbeginn die Honigräume geleert. Möglicher unreifer Honig wird entnommen und anderen Völkern, die nicht zum Einsatz kommen, zur weiteren Verarbeitung übergeben. Für den Fall, dass die Tracht dann noch länger auf sich warten lässt oder sich witterungsbedingt verzögert, müssen gezielt sogenannte Vorratssicherungswaben in den Völkern verbleiben. Ist die angewanderte Tracht zu Ende, wird der Sortenhonig abgeerntet. Dabei gilt es wie bei anderen Trachten auch, dass nur reifer Honig geerntet wird. Auskunft, ob eine Tracht zu Ende ist, kann auch die Stockwaage geben. Hat man mehrere Tage Gleichstand oder Abnahmen trotz guter Witterung, kann man abwandern.

Begehrte Trachten sind z. B. Heidetracht, Tannentracht, Robinientracht, Löwenzahnblüte, Rapstracht, Edelkastanie oder auch Kornblume.

DER STANDORT IST KEINE GARANTIE FÜR SORTENHONIG

Der Standort der Bienenvölker hat nur einen indirekten Einfluss auf die von den Bienen genutzte Tracht. Sie wählen nach strengen wirtschaftlichen Gesichtspunkten den ergiebigsten Sammelort aus. Möglicherweise bevorzugen die Bienen eines Waldstandortes eine außerhalb des Waldes liegende Blüten-Trachtquelle, wenn dort eine bessere Tracht geboten ist. Kommt es zu einer Waldhonigtracht und wird sie von den Völkern entdeckt, wird diese Tracht auch aus größerer Entfernung angeflogen.

Honig mit besonderer Gewinnungs- und Vermarktungsform

Wabenhonig oder Scheibenhonig: Das ist eine mit Honig gefüllte Wabe, wobei die Honigzellen meist verdeckelt sind. Zur Wabenhonigproduktion verwendet man etwa 10 × 10 cm große Rahmen und veranlasst die Bienen, diese Rahmen mit Wabenbau zu versehen und ihn mit Honig zu füllen. Die gefüllten kleinen Rahmen werden so zum Verkauf angeboten. Manchmal gelingt es auch, dass die Bienen die Waben direkt in Honiggläser bauen und mit Honig füllen. Wabenhonig ist eine besondere Delikatesse. Als Wabenhonig können auch ganze Honigwaben verwendet werden. Heute werden in guten Hotels komplett gefüllte Honigwaben angeboten. Es werden üblicherweise 2 × 2 cm große Wabenhonigwürfel geschnitten, die von den Gästen verkostet und ausgekaut werden.

Auszug aus der Vielfalt der möglichen Honigsorten

Lediglich auszugsweise werden hier die hauptsächlich vorkommenden Honigsorten beschrieben. Zum intensiven Kennenlernen der jeweiligen Geruchs- und Geschmackstoffe ist eine Degustation nötig.

Blütenhonig: Er entstammt einer Vielzahl von Blüten. Die Vergesellschaftungen der nektarspendenden Pflanzen unterscheiden sich sehr. Je nach geografischer Lage und Bewirtschaftungsart setzen sich unterschiedliche Trachtpflanzen durch. Trotzdem bilden häufig Obst und Löwenzahn die Haupttrachtpflanzen. In Ackerbaugebieten mit Rapsanbau sind dann auch unterschiedlich große Mengen Rapsnektar enthalten. Dazu kommen beim Frühtrachthonig häufig Anteile aus den Wiesenblumen Salbei, Wiesenstorchschnabel, Klappertopf, Rotklee und Lichtnelke. Auch Anteile von Wildkirschen, Ahorn, Weiden etc. kommen häufig dazu. Seine Farbe ist hell- bis goldgelb. Er kristallisiert in der Regel hart, durch Rühren wird er feinkristallin bis cremig. Er hat ein sehr kräftiges Blütenaroma.

Rapshonig: Er erscheint in flüssiger Form hell, er kristallisiert schnell und erscheint dann in reiner Form fast so weiß wie Milch. Er hat eine milde Süße und ein mildes Aroma. Der aus früherer Zeit bekannte Kohlgeschmack existiert nur noch in Spuren. In den heutigen Honigen, die den sogenannten Null-Null-Rapssorten entstammen, ist dieser Geruch und Geschmack kaum zu bemerken.

Löwenzahnhonig: Man kann ihn nur noch selten als Sortenhonig gewinnen. Häufig sind Anteile von Löwenzahn in Blütenhonigen enthalten. Er ist goldgelb. Er hat ein sehr kräftiges Aroma, das an den Geruch von Urin erinnern kann. Deshalb wird er in Frankreich auch „Pisse-en-lit" genannt.

Sommertrachthonig: Er stammt meist aus Weidenröschen, Himbeeren, Brombeeren, Heckenkirsche, Weißklee, Steinklee etc., dazu kommt öfter ein Anteil Honigtau von verschiedenen Laub- und/oder Nadelbäumen. Er hat meist eine etwas bräunliche Farbe. Bei größerem Anteil des Honigtaues wird seine Farbe dunkler und seine Kristallisationsneigung nimmt ab. Seine EL liegt bei 0,6 bis 0,7 mS/cm.

Waldblütenhonig: Wird ein Honig so bezeichnet, muss es sich um einen Blütenhonig handeln, der aus Blütenpflanzen des Waldes stammt. Das erwartet auch der Kunde. Es ist dann Honig, der insbesondere von Himbeeren, Brombeeren und Weidenröschen etc. stammt. Die Sorte Wald- und Blütenhonig ist weiter oben beschrieben.

Waldhonig: Er wird aus Honigtau verschiedener Baumarten bereitet. Verwendet man diese Sortenbezeichnung, müssen mindestens 60 % Honigtauanteile enthalten sein. Er ist besonders reich an Mineralstoffen. Seine Farbe ist braun. Enthält Waldhonig nur geringe Blütenhoniganteile, ist die Kristallisationsneigung gering. Er hat einen harzigen Geschmack. Seine EL beträgt mindesten 0,8 mS/cm.
Heidehonig: Honig, den die Bienen aus Nektar der Besenheide (*Calluna vulgaris*) bereiten, wird Heidehonig genannt. Es ist ein sehr begehrter, hocharomatischer Honig. Seine Eigenart: Er geliert in den Wabenzellen und ist in dieser Form nicht durch Schleudern zu gewinnen. Zur Gewinnung des Heidehonigs wurden deshalb verschiedene Pressen entwickelt und verwendet. Zum Auspressen wurden die ausgeschnittenen Honigwabenstücke in reißfeste Tücher eingeschlagen und unter hohem Druck gepresst. Presshonige enthalten deshalb größere Pollenanteile. Mit der Erfindung der Honigschleuder und des beweglichen Wabenbaues sollte auch dieser Honig durch Schleudern gewonnen werden. Dies wird möglich, wenn der Honig in den Wabenzellen gestippt wird. Eigens dafür wurden die Stippgeräte und Nadelwalzen entwickelt. Diese werden auch zur Gewinnung des Melezitosehonigs verwendet (siehe S. 79). Sein Wassergehalt darf nach D.I.B.-Richtlinien 21,4 % und nach der HonigV 23 % betragen.
Lindenhonig: Er hat einen typisch medizinischen, mentholartigen Geschmack. Sein Geschmack ist dominierend. Auch bei Anteilen von ca. 30 % und weniger schmeckt man das Lindenaroma. Seine Farbe ist hell- bis dunkelgelb. Oft kommt Honigtau der Linde hinzu, wodurch er dunkler wird.
Edelkastanienhonig: Er ist eine Besonderheit und kann nur in wenigen Bereichen Deutschlands gewonnen werden. Er hat eine rötlich-braune Farbe. Sein Geschmack ist kräftig, herb bis bitter. Wegen seiner geschmacklichen Dominanz sollte man Honige mit Anteilen von Edelkastanie mit einer Doppelbezeichnung versehen. In einem Waldhonig (unspezifisch) ist ein Teil Edelkastanienhonig (spezifisch) enthalten. Es sollen dann 30 % Anteil sein.

Besondere Honigsorten

Akazienhonig (Robinienhonig): Als Sortenhonig kann man ihn in Deutschland nur an wenigen Orten gewinnen. Seine Farbe ist hell. In reiner Form kristallisiert er praktisch nicht. Er hat wenig Geruch und Geschmack. Er gehört zu den enzymschwachen Honigen.
Eukalyptushonig: Da denkt man an Eukalyptusbonbon. Das trifft den Geschmack des Eukalyptushonigs aber keinesfalls. Man muss eher an Fleischbrühe denken, wenn man seinen Geschmack treffen will.

Manukahonig

Es handelt sich um einen Blütenhonig, den die Honigbienen Neuseelands und Südostaustraliens aus dem Nektar der dort vorkommenden Südseemyrte Manuka erzeugen. Die Ureinwohner Neuseelands hatten schon früh die Blätter und die

Rinde des Manukastrauchs genutzt, um bei Erkrankungen verschiedener Art eine Linderung und Heilung zu erzielen.

Seit einigen Jahren wurde und wird Manukahonig auf seine Inhaltsstoffe untersucht, um die antibakteriell wirkenden Stoffe zu isolieren. Analytisch wurde das Enzym Glucose-Oxidase nachgewiesen. Dieses Enzym ist auch in unseren Honigen, in anscheinend gleichen Anteilen, enthalten. Berichten zufolge hat die Technische Universität Dresden 2006 einen weiteren Stoff (Dihydroxyaceton) mit antibakterieller Wirkung nachgewiesen, dies geschah wohl gleichzeitig an der Waikaho Universität in Neuseeland.

Dieser Honig erhielt daraufhin eine medizinische Anerkennung. Er wird aufgrund dessen zur Wundheilung verwendet. In verschiedenen klinischen Studien wird Manukahonig weiter erforscht. Es ist aber nicht so, dass nur Manuka-Honig bei der Wundheilung erfolgreich ist, denn auch unsere naturbelassenen Honige werden diesbezüglich erfolgreich eingesetzt.

Melezitosehonig

Im Jahre 1968 ist in Deutschland erstmals über das Auftreten von Melezitosehonig berichtet worden. Vorher war ein solcher Honig nur aus der Literatur als Lärchenhonig aus Lärchenwaldgegenden bekannt. Seither kommt diese Honigart häufiger vor. Man kann dabei fast immer von einer Massentracht sprechen, denn fünf, sechs und sogar bis 10 Kilogramm tägliche Zunahme sind keine Seltenheit. Die Völker bauen dabei in einem sonst unbekannten Maße und es wird auch in großem Umfang weiter gebrütet.

Gelee- bis zementartig

Melezitosehonig wird wegen seiner Eigenschaft zu Recht auch Zementhonig genannt. Er tritt in verschiedenen Ausprägungen auf. Von zäher geleeartiger, meistens zementartiger Beschaffenheit kristallisieren die Zellinhalte. Manchmal wechselt die Honigart auch von Volk zu Volk, aber auch von Zelle zu Zelle.

Wabenausschnitt mit nicht schleuderbarem geliertem Honig.

Lebensgefahr für das Bienenvolk

Die Überwinterung ausschließlich auf Melezitosehonig hat in vielen Fällen eine Ruhrerkrankung des Bienenvolkes zur Folge. Ist während des Winters kein Flug zum Wasserholen möglich, können die Völker auf vollen Waben verhungern. Ein einigermaßen sicheres Überleben lässt sich erreichen, wenn bei den Wintervorbereitungen der Bereich des Wintersitzes von Melezitose befreit wird. Bei später Tracht und eingeschnürtem Brutnest kann es notwendig werden, je Volk drei bis fünf Waben auszuwaschen, damit in diesem Bereich dann geeignetes Winterfutter eingelagert werden kann. Es ist ausreichend, wenn im Wintersitz ca. 6 kg geeignetes Futter eingelagert sind. Sobald Reinigungsflüge möglich sind und Wasser geholt werden kann, können die Völker fast ohne Einschränkung vom Melizitosehonig zehren.

Qualitätsanforderungen beachten

Melezitosehonig ist Waldhonig und muss, wie jeder andere Honig auch, echt und rein sein. Er muss daher reif geerntet und sorgsam behandelt werden. Alle Gewinnungsmethoden müssen unter diesem Gesichtspunkt erfolgen.

Direkte Gewinnungsmethoden

„Die“ professionelle und für „alle“ Fälle geeignete Gewinnungsmethode gibt es bisher nicht. Dargestellt und beschrieben werden deshalb nur Kompromisse.

Frühes Schleudern: Natürlich gibt es die Möglichkeit, den Honigtau aus den Waben zu bekommen, wenn man im 3-Tage Rhythmus schleudert. Das Schleudergut ist hierbei unreif, hat wenig Enzyme, einen hohen Wassergehalt und wird deshalb gären. Diese Gewinnungsmethode dürfte sich deshalb kaum eignen.

Stippen: Mit einer vom Fachhandel angebotenen Nadelwalze, Kostenpunkt ca. 60 €, können je nach Art des Honigs ca. 50 % geschleudert werden. Setzt man die Norwegische Heidehonig-Stippmaschine ein, die im Fachhandel für ca. 5 000 € zu haben ist, können bis zu 80 % des Honigs geschleudert werden.

Beim Schleudern zerbrochene Melezitosehonigwabe.

Blick in ein Stippgerät: Tausende Stifte dringen durch eine Hebelbewegung von beiden Seiten in die eingesetzte Honigwabe zur Lösung des Honigs.

Mit diesen Nadelwalzen kann ein geringer Teil des Honigs gelöst werden.

Pressen: Hierbei werden die Waben ausgeschnitten und in einer vom Fachhandel angebotenen manuellen oder pneumatischen Honigpresse ausgepresst. Am besten sollte hier nur junger Wabenbau verwendet werden.

Die weitere Verarbeitung

Melezitosehonig, der durch Schleudern gewonnen wurde, hat meist eine hervorragende Qualität und schmeckt typisch nach Waldhonig. Er beinhaltet jedoch eine große Menge kleinerer und auch größerer Kristalle. Diese verschließen innerhalb kurzer Zeit das Honigsieb. Man benötigt deshalb mehrere Siebsätze, um die Kristalle mit dem Teigschaber immer wieder entfernen zu können. Manchmal lässt er sich nur grob sieben. Wegen der vielen Kristalle und des oftmals zähen Honigs gibt es selbst in temperierten Räumen kein befriedigendes Klären des Honigs. Zusätzlich wird dieser Honig durch seine „sandigen" Kristalle vom Verbraucher abgelehnt, da dieser vermutet, dass Zucker zugesetzt wurde. Während ein Direktvermarkter dies noch erklären kann, bleibt er im Regal von Wiederverkäufern häufig stehen.

Will man die Melezitosekristalle schmelzen, bedarf es einer Erwärmung des Honigs auf bis zu 70 °C, wodurch auch Wärmeschäden entstehen können. Am kürzesten ist die Erwärmungs- und Durchlaufzeit bei einem Melitherm-Honiglösegerät. Bisherigen Messungen zufolge haben so verflüssigte Honige keine überhöhten HMF-Werte, wenn größtmögliche Sorgfalt im Vordergrund steht, das heißt, wenn der Honig schnellstmöglich wieder abgekühlt wird.

Gewinnt man Presshonig, so hat dieser zweifelsfrei eine besondere Qualität. Es ist allerdings auch hier nötig, eine entsprechende Kundenaufklärung zu betreiben. Soll der Honig in eine übliche marktfähige Konsistenz gebracht werden, ist eine weitere Behandlung nötig. Beim Schmelzen des Presshonigs bekommt dieser einen entsprechenden Wachsgeschmack, schon auch deshalb, weil im Presshonig eben auch Wachs enthalten ist.

Indirekte Gewinnungsmethoden

Bei sporadischem Auftreten von Melezitosetrachten in überschaubarer Menge wird man die nicht schleuderbaren Honigwaben am besten als gefüllte Futtertaschen betrachten und den Völkern und Ablegern nach und nach zum Verbrauch einstellen.

Tritt Melezitosehonig dagegen häufiger und in größeren Mengen auf und will und kann man sie nicht schleudern oder pressen, gibt es verschiedene Methoden, den Honig auf „Umwegen" zu gewinnen. Vorweg sei erwähnt, dass sie alle auch ihre Nachteile haben.

Leer tragen lassen: Hierbei gibt man den Völkern die vollen Waben zurück, lässt den Honig umtragen und schleudert dann. Denn beim Umtragen tut sich etwas: Die Bienen reichern den Honig noch einmal mit zuckerspaltenden Enzymen an, sodass ein schleuderbarer und qualitativ hochwertiger Waldhonig entsteht.

Leider ist dies eine langwierige Angelegenheit, die auch nur in trachtloser Zeit funktioniert. Zudem wird während des Umtragens ein großer Teil des verabreichten Honigs verbraucht. Im Honigraum, der unbedingt mit einem Absperrgitter vom Brutraum getrennt sein muss, findet man nur einen bescheidenen Teil dessen wieder, was man an anderer Stelle angeboten hatte.

Die Honigwaben werden hierzu entdeckelt, mit Wasser besprüht oder für ein bis zwei Stunden (je nach Honigtyp auch länger) gewässert und anschließend im „Hohen Boden", einer Fußzarge, hinter dem Beobachtungsfenster bei geöffnetem Putzkeil oder einem zusätzlichen, sonst verschlossenen Kasten, der über einen dicken Schlauch vom Nutzervolk erreicht werden kann, zum Leertragen angeboten.

Wässern, ausschleudern, füttern: Bei dieser Methode werden die Melezitosehonigwaben entdeckelt und ca. 24 Stunden in einer zum Wabenmaß passenden Wanne (bei zu großem Behälter wird die Lösung zu dünn) gewässert. Um das Aufschwimmen der Waben nach Teilentleerung zu verhindern, werden diese mit sauberen Steinen beschwert oder mit einem Gewicht niedergehalten. Sofort nach der Ausschleuderung der nun verdünnten Honiglösung muss diese innerhalb von zwei Tagen von den Bienen verarbeitet sein. Dauert es länger, ist es möglich, dass der daraus neu bereitete Honig mit Gärhefen belastet und nicht mehr zu gebrauchen ist. Neben beginnender Gärung können auch Altwaben zu einer unangenehmen Geschmacksveränderung führen. Eine anderweitige Verwertung der Honiglösung zur Essig- oder Metbereitung ist möglich. Sie muss ebenfalls sofort nach der Schleuderung der gewässerten Waben, bevor wilde Gärungen beginnen, eingeleitet werden. Besser ist es in diesem Fall, die Honiglösung kurz aufzukochen, um die Gärung durch Zusatz ausgesuchter Hefen zu steuern.

Waben im Freien anbieten: Dies ist eine riskante und generell zu verwerfende Methode. Sie erzeugt eine umfassende Räuberei auf dem Stand, fordert viele tote Bienen und birgt eine riesige Gefahr der Seuchenübertragung. Laut Bienenseuchenverordnung ist sie nicht zulässig.

Vorausschauende Maßnahmen

Abwandern: Mit einem großen Fragezeichen zu versehen ist die Anweisung des Abwanderns und Aufsuchens anderer Trachtplätze. Auch die beste Trachtbeobachtung kann eine Melezitosetracht am gewählten Wanderplatz nicht ausschließen. Man kann Glück haben oder vom Regen in die Traufe kommen.

Rähmchen bereitstellen: Die wichtigste und auch nicht besonders teure, höchstens etwas aufwendige Einstellung auf eine solche Tracht ist die Vorratshaltung von ca. 20 Rähmchen je Volk. Sie werden staubgeschützt aufbewahrt und im Bedarfsfall nur mit einem Anfangsstreifen versehen. Sobald der Honigraum mit Melezitose gefüllt ist, kommen die Rähmchen mit Anfangsstreifen zum Einsatz. Alternierend wird jeweils eine volle Melezitosehonigwabe entnommen und dafür ein Rähmchen mit Anfangsstreifen eingestellt. Bei anhaltender Tracht werden immer nur die Jungfernwaben entnommen, ggf. ausgeschnitten und wiedereingesetzt. Das Erntegut kann gepresst oder geschmolzen werden. Wenn die Zeit nicht reicht, können die gefüllten Jungfernwaben in Lagerbehältern verschlossen, aufbewahrt werden.

Besonderheiten bei Honig

Ganz allgemein sagt man, Qualität kann man schmecken. Das stimmt. Aber es stimmt nicht immer, weil es dahingehend eingeschränkt wird: Wenn wir Honig verkosten, dessen Geruchs- und Geschmacksrichtung ganz und gar nicht zu unseren Vorstellungen passen, dann werden wir selbst den qualitativ hochwertigsten Honig eben nicht mögen. Aber über Geschmäcker lässt sich ja bekanntlich streiten.
Zur Beurteilung von Geruch und Geschmack des Honigs ist es notwendig, den für die jeweilige Honigsorte typischen Geschmack zu kennen. Weil ein Sortenhonig eben nach seiner Sorte schmeckt, muss man diesen Sortengeschmack und Geruch kennen. Alle Honige und im Besonderen spezielle Sortenhonige begleitet ein sortentypisches Aroma. Da sind zum Beispiel der mentholartige Geschmack des Lindenhonigs, der bittere Geschmack des Edelkastanienhonigs, der animalische des Buchweizenhonigs, der parfümartige des Lavendels oder der hocharomatische des Löwenzahnes. Wir können diese Honige nur dann als honigtypisch einstufen, wenn wir die entsprechenden Honigsorten und deren Eigenschaften kennen.

Geruch und Geschmack als organoleptische Merkmale betreffen dann das typische Geschmacksmerkmal der jeweiligen Honigsorte.

Messbare Qualitätsmerkmale für qualitativ hochwertigen Honig

Ob ein Honig qualitativ hochwertig ist, wird durch die messbaren Qualitätsmerkmale zusammen mit den sensorischen Merkmalen bestimmt.

Messbare Qualitätsmerkmale sind:

- **Wassergehalt:** Er liegt bei 16,5 bis 17 %. Mit nicht mehr als 18 % liegt er noch im gesetzlichen Rahmen und hat eine gute Qualität.
- **Enzymgehalte:** Bei den meisten naturbelassenen Honigen liegt der Invertasegehalt zwischen 100 und 200 U/Kg. Nach dem Gesetz werden 64 U/kg gefordert. Ausnahme: Bei enzymschwachen Honigen wie beispielsweise Robinienhonig (Akazienhonig) werden nur 45 U/kg verlangt, aber auch bei Rapshonig kann die Invertaseaktivität geringer sein.
- **Hydroxymethylfurfural (HMF):** Abbauprodukt verschiedener Zucker, insbesondere von Fruchtzucker. Frisch geschleuderter Honig hat 0 mg/kg HMF. Wird er ein Jahr bei konstant 15 °C aufbewahrt, entstehen 3 bis 5 mg/kg HMF.
- **Prolingehalt:** Ein den Aminosäuren zugehöriger Inhaltsstoff. Er gehört in Bezug auf die Nährstoffe zu den essenziellen Nährstoffen und ist bedeutender Aromaträger des Honigs. Die Werte kann man messen. Sie geben Auskunft über die Reife des Honigs und Unverfälschtheit.
- **Elektrische Leitfähigkeit:** Ein physikalisch-chemisches Merkmal verschiedener Honigsorten. Sie wird genutzt, um eine Honigsorte zu bestimmen.
- **Pollenanalysen:** Sie dienen der Herkunfts- und Sortenbestimmung und um die Unverfälschtheit eines Honigs herauszufinden.
- Messbare Merkmale haben den Vorteil, dass sie uns ein objektives Ergebnis liefern, während die Beurteilung nach Geruch und Geschmack ein subjektives Ergebnis liefern, weil Geschmäcker eben verschieden sind.

Honigverfälschungen

Werden Bienenvölker mit Zuckerlösung, Stärke- oder Invertzuckerlösung ggf. während der Vegetationszeit gefüttert, können diese daraus Vorräte anlegen. Werden diese Vorräte geschleudert, gewinnt man einen süßen honigähnlichen Sirup, der sehr wenig Geruch und Geschmack hat. Schon bei einer einfachen Verkostung fällt ein solcher Futterhonig als sehr fade auf. Bei der Honiganalyse können so „hergestellte Honige“ relativ schnell herausgefunden werden. Es fehlen viele Stoffe, die einen Honig eben ausmachen: Geruchs- und Geschmacksstoffe, Aminosäure, Prolin, Pollen im mikroskopischen Bild etc. Honigverfälschungen können auch entstehen, wenn Waben mit Winterfutter zur Honiggewinnung verwendet werden. Je nach Witterungsverlauf und Vegetationsbeginn kann der Futterbedarf der Völker sehr hoch oder auch geringer sein. Gute fachliche Praxis setzt voraus, dass eventuell überschüssiges Winterfutter entnommen wird, bevor die Völker mit dem Honigraum erweitert werden. Werden reife Früchte wie z. B. Kirschen, Trauben, Holunderbeeren von der Kirschessigfliege Drosophila suzukii befallen, tritt durch die Einstichstelle Fruchtsaft aus. Geschieht dies in trachtloser Zeit, kann dieser Saft auch von den Bienen gesammelt und als Vorrat eingelagert werden. Wird dieser Fruchtsafthonig geschleudert, hat man zwar eine süße Masse, sie stellt jedoch keinen Honig im Sinne der HonigV dar und darf auch nicht als Honig vermarktet werden.

Invertzuckercreme (früher Kunsthonig)

Im Warenverkehr war die Bezeichnung Kunsthonig bis 1977 rechtsverbindlich. Seit 1977 wird die aus invertierter Saccharose hergestellte und chemisch aromatisierte Masse Invertzuckercreme genannt. Die alte Bezeichnung Kunsthonig darf im Warenverkehr nicht mehr benutzt werden. Verwendung findet die Invertzuckercreme bei der Herstellung von Lebkuchen und anderen Backwaren. Sie ist ein Ersatzprodukt für Honig, spielt aber beim Verbrauch eine sehr kleine Rolle. Die Invertzuckercreme muss als Unterscheidungsmerkmal zum Honig einen hohen HMF Gehalt haben. Zudem fehlt der Invertzuckercreme logischerweise eine ganze Reihe an Inhaltsstoffen, die bei Honig natürlicherweise gegeben sind. Der geforderte Gehalt an HMF entsteht bei der Herstellung der Invertzuckercreme durch die Wärmebehandlung.

Bildung von HMF in Abhängigkeit von Temperatur und Lagerzeit

Wird Honig gelagert, verflüssigt oder zusätzlich erwärmt, bildet sich durch den Abbau von Zucker, vornehmlich Fruchtzucker, Hydroxymethylfurfural (HMF). Der HMF-Gehalt ist deshalb ein bedeutendes Qualitätsmerkmal. Je geringer der Wert, desto besser die Qualität. Im frisch geschleuderten Honig hat man 0,0 mg/kg HMF.

Wird er ein Jahr bei 10 °C gelagert, wird der HMF-Gehalt immer noch unter 5 mg/kg liegen. Die Bildung von HMF ist etwas sortenabhängig. So geht die HMF-Bildung bei enzymschwachen Honigen etwas schneller.

Zur Einprägung: Bis zu 15 Tausendstel sind in Honig unter dem Gewährstreifen des D.I.B. höchstens erlaubt.

Bildung von HMF in Abhängigkeit von Temperatur und Lagerzeit

Temperatur	Tage	HMF
40 °C	20 bis 50	3 mg/kg
50 °C	4,5 bis 9	3 mg/kg
60 °C	1,0 bis 2,5	3 mg/kg
70 °C	5 bis 4 Stunden	3 mg/kg

Die Tabelle nach *White (siehe S. 66) zeigt, in welcher Zeit sich bei der jeweiligen Temperatur HMF in einem kg Honig bildet. Mit steigender Temperatur bildet sich HMF immer schneller.

Honig im Deutschen Lebensmittelbuch

Leitsätze für Honig

Das Deutsche Lebensmittelbuch ist eine Sammlung von Leitsätzen, worin Beschaffenheit, Herstellung und Merkmale von Lebensmitteln beschrieben sind. Sie sind nicht rechtsverbindlich. Fast alle Nahrungsmittel sind darin aufgeführt. Zur Beschreibung der jeweiligen Lebensmittel gibt es entsprechende Kommissionen mit je 32 Mitgliedern aus Wissenschaft, Lebensmittelüberwachung, Verbraucherschaft und Lebensmittelwirtschaft.

Die abgelösten Leitsätze für Honig von 1977 beinhalteten Begriffe wie „kalt geschleudert" und „wabenecht". Dies führte zu Irritationen bei der Verbraucherschaft und zum Ärger bei der Imkerschaft, weil es „wabenunechten" oder „warm geschleuderten" Honig nicht gibt. Jeder Honig wird, wie auch rechtlich vorgeschrieben, ohne Erwärmung bzw. Hitzezufuhr geschleudert, um die Wachswaben nicht zu beschädigen.

Die Inhalte der alten Leitsätze dürfen jetzt nicht mehr verwendet werden. Die jetzt gültigen Leitsätze ergänzen die aktuelle Honigverordnung. Sie sind am 27. Juli 2011 in Kraft getreten. In den jetzt gültigen Leitsätzen befinden sich exakte Honigsortenbeschreibungen, enthalten darin sind für die jeweilige Honigsorte messbare Qualitätsmerkmale sowie deren jeweilige Geruchs- und Geschmacksbeschreibung.

Als hervorzuheben erscheint die gegebene Möglichkeit, Honig auch als besondere Qualität, z. B. mit „Auslese" bzw. „Premium", auszuloben. Die Qualitätsmerkmale sind zum Vergleich in einer Tabelle (S. 49) dargestellt.

Ebenfalls erwähnenswert ist das Hervorhebungsmerkmal, dass die Gebinde auch mit der Angabe „vom Imker abgefüllt" bzw. „aus eigener Imkerei" versehen werden können.

Eigenarten des Honigs

Der fertige Honig kann durch äußere Einflüsse noch einige Verwandlungen durchlaufen, die im Folgenden beschrieben sind.

Blütenbildung bei Honigen

Bei allen kristallisierenden Honigen kann es zur Blütenbildung kommen. Beim Auskristallisieren des Traubenzuckers entstehen im Honig viele kleine Hohlräume. In das dadurch entstandene Kristallgerüst dringt sofort Luft ein, die das Gerüst hell oder sogar weiß erscheinen lässt. Vorzugsweise entstehen solche Gerüste an der Oberschicht des Honigs und in verschiedenen Bereichen der Behälterwand. Manchmal gibt es auch im Inneren entsprechende Ausblühungen.

VERMEIDUNG DER BLÜTENBILDUNG

In flüssigem Honig sind die verschiedenen Zuckermoleküle nicht gebunden, sie können sich frei bewegen und es können sich ggf. auch gleichartige ansammeln. Wird Honig durch Rühren bearbeitet und in gerade noch fließfähiger Form in Gläser gefüllt, ist die Bewegungsfähigkeit der Einzelbestandteile stark eingeschränkt. Es kann zu keinen Ansammlungen einzelner „Zuckerarten“ kommen. Bei einem so bearbeiteten Honig gibt es deshalb auch kaum eine Blütenbildung.

Die meisten schnell kristallisierenden Honige werden heute üblicherweise gerührt und damit in eine streichfähige, verzehrfreundliche Konsistenz gebracht. Auch die Blütenbildung wird dadurch weitestgehend vermieden.

BLÜTENBILDUNG ALS QUALITÄTSMERKMAL?

Die Blütenbildung kann man, wenn man von ihrer Vermeidbarkeit durch Rühren absieht, durchaus als positives Qualitätsmerkmal bezeichnen. Diese Auslegung ist nicht falsch, weil es nur bei Honigen mit einem niedrigen Wassergehalt sehr fein strukturierte Blüten gibt: Auch bei Waldhonig können sich am Glasrand Blüten bilden. Waldhonige werden üblicherweise flüssig verkauft. Natürlich beginnt auch hier die Kristallisation, wenn der Honig nicht innerhalb einer bestimmten Zeit verbraucht wird. Die Kristallbildung läuft in diesem Fall unkontrolliert ab. Je nach Zusammensetzung des Honigs kann es dabei auch zu groben Kristallen kommen. Wegen der braunen Waldhonigfarbe ist der Blütenkontrast noch stärker als bei hellen Honigen. Zur Vorbeugung wird in manchen Imkereien auch Waldhonig cremig gerührt angeboten.

Feine Strukturen bei der Blütenbildung.

Honige mit hohem Wassergehalt

Honig mit einem Wassergehalt ab 17,5 % kann, wenn er in Räumen mit mehr als +15 °C gelagert wird, nach seiner Kristallisation zu gären beginnen.

In flüssigem Zustand des Honigs ist der gesamte Wassergehalt gebunden. Wenn Honig kristallisiert, wird Wasser frei. Das „freie Wasser“ wird von anderen Honigteilchen aufgenommen, wodurch sich bei ihnen ein günstiger Nährboden für die osmophilen Hefen bildet. Der Honig kann gären, selbstverständlich nur, wenn die übrigen Gärbedingungen gegeben sind.

Bei wasserreichen Honigen kann der Kristallisation folgend auch eine Entmischung, die Phasentrennung, beginnen. Wegen des relativ hohen Wasseranteils sinken dabei die Kristalle ab und bilden im unteren Teil des Glases einen Kristallbrei, die feste Phase, darüber schwimmt dann die wasserreichere Mutterlauge, die flüssige Phase. Honig ist weder in gärigem Zustand noch in der Form der Phasentrennung vermarktungsfähig.

Man muss unbedingt darauf achten, dass nur reifer Honig geerntet wird. Eine spätere Nachtrocknung ist äußerst schwierig und auch nicht erlaubt, weil Honig nach der Honigverordnung nichts hinzugefügt und nichts entzogen werden darf. Wollte man es dennoch durchführen, benötigte man einen Raum, dessen relative Luftfeuchtigkeit unter 50 % liegt. Dazu müsste der Honig großflächig ausgebreitet werden, was so ohne Weiteres nicht geht. Aber es wäre dadurch eventuell möglich, dem Honig ca. 1 % Wasser zu entziehen. Um es in kleinem Stil zu praktizieren, werden vom Fachhandel perforierte Distanzringe angeboten, die zwischen Melitherm und Abfüllkübel eingesetzt werden können. In den Melitherm eingefüllter Honig passiert dann die Heizschlange und das Seihtuch, er wird dabei flüssig und fällt tröpfchenweise durch den Luftraum zum Boden des Abfülleimers, wobei die Entfeuchtung erfolgen soll.

Der Bedarfsartikelhandel bietet auch Großgeräte mit 200 bis 500 kg Fassungsvermögen an. Die Funktionsweise basiert in den völlig geschlossenen Geräten auf einer ständigen Oberflächenvergrößerung des Honigs in einem sehr trockenen Luftraum, dessen Luft ständig entfeuchtet wird.

In diesem Zusammenhang soll noch einmal erwähnt werden: Erwärmen oder gar Erhitzen des Honigs beeinträchtigt seine Qualität. Enzyme werden dabei abgebaut und Abbaustoffe verschiedener Zucker, insbesondere HMF, werden aufgebaut.

Der Honig hat sich entmischt. Deutlich zu erkennen – die Phasentrennung mit Traubenzuckerbrei unten und flüssiger Mutterlauge oben.

In Gärung geratener Honig: Ursache ist ein zu hoher Wassergehalt.

GÄRIGER HONIG

Nach der Honigverordnung darf Honig, der in Gärung übergegangen ist, nicht Inverkehr gebracht werden.

WIE KOMMT ES ZUR GÄRUNG DES HONIGS?

Wird Honig mit zu hohem Wassergehalt geerntet oder hat er Wasser aus der Umgebungsluft gezogen oder/und ist er zu warm gelagert, kann er in Gärung übergehen. Aktiv werden die Hefen, wenn eine dafür geeignete Temperatur gegeben ist und nicht alle Wassermoleküle an die Zuckermoleküle gebunden sind. Die Gärung beginnt deshalb erst, wenn Honig kristallisiert. Die Gärhefen wandeln dabei Honig in Alkohol oder Essig um. Honig verdirbt dabei.

Zur Fütterung der Bienen sollte angegärter Honig nicht verwendet werden. Die Umstände, ihn als Futtergut zu verwerten, sind groß. Der Schaden, den man damit anrichtet, ist größer als der Nutzen. Man müsste die wilden Hefen durch Erhitzen des Honigs abtöten, dabei würde HMF entstehen und HMF ist giftig für die Bienen. Außerdem müsste die Fütterung so erfolgen, dass das Futtergut nicht erneut als Honig gewonnen wird. Sicherlich kommt es immer auch auf den HMF-Gehalt an. Bis 20 mg/kg haben sich als weitestgehend unschädlich erwiesen.

Die einfachste und empfehlenswerteste Verwertung eines angegärten Honigs ist die Verwendung als Backhonig. Honige mit der Kennzeichnung „Nur zum Kochen oder Backen“ dürfen ein gewisses Gärpotential aufweisen.

Der Gedanke, aus angegärtem Honig gleich Met zu bereiten, kommt gelegentlich auf. Allerdings kann aus so verdorbenem Honig weder Essig noch Met entstehen. Wollte man angegärten Honig eventuell doch erfolgreich verwerten, müssten die wilden Hefen abgetötet und eine gezielte Gärung mit Port- oder Südweinhefe eingeleitet werden. Dazu müsste dann eine gärfähige Grundlage geschaffen werden.

Rückstände im Honig

Das Bienenvolk ist ein selbständiger Organismus. Dieser wird im Wesentlichen von der jahreszeitlichen Situation, der Temperatur und der Tracht gesteuert. Vom Bienenvolk gehen die entsprechenden Impulse zum Sammeln der Nährstoffe aus. Was sie sammeln, bestimmt der Organismus „Bien". Je nach Bedarf wird gezielt nach diesen Stoffen gesucht. Besteht Bedarf an Wasser, an Pollen, an Kittharz (Propolis) oder Nektar, so suchen die Sammlerinnen gezielt nach diesen Bedarfsstoffen. Ist ihre Suche erfolgreich, legen sie davon für trachtlose Zeiten Vorräte an.

KANN HONIG RÜCKSTÄNDE ENTHALTEN?

Bei ihren Ausflügen können Bienen auch mit unliebsamen oder giftigen Stoffen und Gegenständen in Berührung kommen. Honig ist ein Naturprodukt. Es wird nicht sterilisiert, nicht gekocht und nicht bearbeitet. Beim Sammeln ihrer Nährstoffe haben die Bienen üblicherweise nur mit Pflanzen Kontakt. Auf ihren Flügen sind sie jedoch auch Gefahren ausgesetzt. Zudem sind Kontakte mit Gasen oder Sprühnebel nicht ausgeschlossen. Der „Bien" besitzt jedoch Schutzmechanismen, damit gefährliche Stoffe nicht in das Bienenvolk kommen. Fremd riechende Bienen dürfen den Eingang nicht passieren.

Haben die Sammlerinnen giftige Stoffe aufgenommen, sterben sie selbst daran oder sie können die Giftigkeit durch ihren Körper teilweise kompensieren. Einen weiteren Beitrag, um Schadstoffe zu reduzieren, leisten die Bienenkörper, das Bienenwachs und die Wabenzellen.

Fremd riechende Bienen werden nicht hereingelassen.

Rückstandsanalyse (Pflanzenschutzmittel, Tierarzneimittel)

Der Verbraucherschutz ist ein wichtiges Anliegen und eine wichtige Aufgabe eines Staates. Umgesetzt wird diese Aufgabe vorwiegend von der Lebensmittelüberwachung und der Lebensmitteluntersuchung. Zudem wurde in Baden-Württemberg speziell zur Kontrolle der Bienenerzeugnisse ein Labor zur Rückstandsanalyse eingerichtet. Sowohl bei der Lebensmittelüberwachung als auch bei der Rückstandsanalytik werden insbesondere Honige, Wachs und auch andere Erzeugnisse auf Rückstände untersucht. Der Ursprung von eventuell vorhandenen Rückständen kann sowohl vom Pflanzenschutz als auch aus der Varroabekämpfung kommen.

In den Jahresberichten der Universität Hohenheim werden die Ergebnisse der Rückstandsuntersuchung veröffentlicht. Die Ergebnisse zeigen, dass man sich weder im Pflanzenschutz noch bei der Varroabekämpfung zurücklehnen kann. Sehr viele Proben weisen keine Rückstände auf, einzelne weisen Spuren vom Pflanzenschutz oder der Varroabekämpung auf. Wenige weisen auch Rückstände im Toleranzbereich und einzelne überschreiten die zulässigen Werte. Den Proben mit Überschreitungen wird gezielt nachgegangen, um die Ursache dafür herauszufinden und um diese Überschreitung künftighin zu vermeiden. Zur Bekämpfung der Varroatose werden vorwiegend organische Säuren (Ameisensäure, Oxalsäure) und ätherische Öle (Thymol, Kampfer) eingesetzt. Zugelassen sind außerdem Kontaktstreifen mit dem Wirkstoff Amitraz, Flumethrin oder Coumaphos. Bei den Wachsanalysen wurden in 5 Proben Metabolit DMF bzw. DMA mit niedrigen Gehalten gefunden.

GIFTIGER HONIG

Aus einer sehr frühen Begegnung mit den Honigjägern aus Nepal ist mir eine Aussage von einem der Honigjäger aufgefallen. Er sagte: „Auf der Leiter (Strickleiter) esse ich keinen Honig, es könnte mir schwindlig werden." Der Grund dafür ist, dass die Bienen Nepals, die von den Honigjägern beraubt werden, auch auf Rhododendron Nektar sammeln. Nektar und der daraus erzeugte Honig sind giftig. In Deutschland sind entsprechende Vergiftungen nicht bekannt, das hat damit zu tun, dass es vergleichsweise sehr wenige Rhododendron-Pflanzen gibt und deren Blühzeit in das große Blühen der vielen Blütenpflanzen fällt. Während dieser Zeit haben die Bienen lukrativere Sammelorte als Rhododendron. Nicht zu vernachlässigen sind Trachtverhältnisse in europäischen Ländern. In der Türkei gibt es sehr wohl Bereiche, wo Bienen auf Rhododendron sammeln. Ein Honigimport aus diesem Territorium findet anscheinend nicht statt. Die türkischen Imker wissen darüber Bescheid.

PYRROLIZIDIN-ALKALOIDE (PA)

Seit einiger Zeit ist bekannt, dass auch im Pollen einzelner Pflanzen Giftstoffe enthalten sind. Es handelt sich dabei um Pyrrolizidin-Alkaloide (PA). Beim Nektarsammeln gelangt auch etwas Pollen in den Nektar und somit auch in den Honig. Weil es nur einzelne Pflanzen sind, die einen gifthaltigen Pollen liefern, ist die Wahrscheinlichkeit nicht groß, dass bedenkliche Mengen im Honig enthalten sind. Es ist fraglich, ob die Bienen eines Standortes überhaupt Kontakt zu Pflanzen mit

Pyrrolizidin-Alkaloid-haltigem Pollen haben. Das Bundesamt für Risikobewertung (BfR) hat bisher keine Höchstmengen herausgegeben. Der Umgang mit Höchstmengen dürfte auch äußerst schwierig zu handhaben sein. Woher kann man schon wissen, welche Pflanzen die Bienen besucht haben, wieviel Nektar sie von der jeweiligen Pflanze eingetragen haben und wieviel Pollen dann tatsächlich in dem Honig enthalten sein kann. Pflanzen, die Pyrrolizidin-Alkaloid-haltigen Pollen liefern und auch von den Bienen besucht werden, sind Natterkopf, Borretsch und ggf. auch Wasserdost. Jakobskreuzkraut ist eine weniger oder selten von den Bienen besuchte Pflanze, sie liefert jedoch auch Pyrrolizidin-Alkaloid-haltigen Pollen.

Biohonig

Es ist durchaus möglich, seine Imkerei „Bio"-zertifizieren zu lassen, um dann, wenn die Überprüfungen abgeschlossen sind, die Analysen vorliegen und man die vom jeweiligen Verband vorgegebenen Auflagen erfüllt, ein Biosiegel für seine imkerlichen Erzeugnisse benutzen zu können. Mehrere Produktionsverbände können Bienenhaltungen die Nutzung ihres Biosiegels erlauben, wenn diese die Mindeststandards der EU-Öko-Verordnung (EG) Nr. 834/2007 und die Durchführungsbestimmungen (EG) Nr. 889/2008 erfüllen.

Bioverbände und ihre Siegel

Bekannte Verbände sind: BIO-Kreis, Bioland, Biopark, Demeter, Ecoland, EcoVin, Gäa.e.V. und Naturland. Sie haben jeweils eigene Erkennungszeichen.
Dazu kommen das staatliche Biosiegel und das Biosiegel der Europäischen Union. Diese Siegel werden ebenfalls von den angeführten Verbänden verliehen, kontrolliert und verwaltet.

Um das angestrebte Siegel nutzen zu können, beantragt man beim Verband seiner Wahl die Nutzung seines Siegels. Entsprechend der jeweiligen Richtlinien wird die Betriebsprüfung vorgenommen.

PRÜFKRITERIEN DER PRODUKTIONSVERBÄNDE

Die Merkmale der Prüfkriterien ähneln sich bei den jeweiligen Verbänden, sind aber nicht gleich. Es werden unterschiedliche Schwerpunkte gesetzt.
Innerbetrieblich: Das Material der Bienenwohnung, die Betriebsweise, die Vermehrungspraktiken, das verwendete Futter, die Wachsqualität, die Honigqualität und die Art und Weise zur Erhaltung der Bienengesundheit werden geprüft. Es sind jeweils entsprechende Standards vorgeschrieben. Zur Regulierung des Varroenbefalles sind nur biotechnische Maßnahmen und die Verwendung von organischen Säuren und ätherischen Ölen zugelassen.

Die Reinheit des Bienenwachses spielt insgesamt eine wichtige Rolle, weil das Wabenwerk zur Aufzucht des Nachwuchses und zur Lagerung der Vorräte dient. Sollte das Wachs belastet sein, muss es unbedingt ausgetauscht werden. Dafür gibt es dann entsprechende Umstellungsfristen.

Außerbetrieblich: Das ist dort, wo die Bienen sammeln. Dafür schreiben die Richtlinien Standorte vor, wo große Flächenanteile biologisch-dynamisch bewirtschaftet werden und damit ein möglichst geringes Gefahrenpotenzial vorhanden ist, wodurch die Produkte verunreinigt werden könnten. Die Sammelbiene selbst kann die Pflanzen von biologisch-dynamischen bzw. konventionell bewirtschafteten Flächen aber nicht unterscheiden.

Anmerkung: Die Bienenhaltung, so könnte man meinen, wäre grundsätzlich als biologisch zu beurteilen. In weiten Bereichen der Honigbienenhaltung trifft dies auch zu. Schon auch deshalb, weil die Bienen einen wichtigen Beitrag zum ökologischen Gleichgewicht der Natur leisten. Und auch deshalb, weil die Tiere, von Ausnahmen abgesehen, auch ohne Hilfe des Tierhalters überleben können. Betrachtet man den gesamten Bereich der Bienenhaltung, z. B. inner- und außenbetrieblich, die Vermehrungspraktiken, die Wachs- und Honigbearbeitung und vor allen Dingen die Futterstoffe, so ist eine Bio-zertifizierte Bienenhaltung jedenfalls aufwendiger und teurer.

HOHE STANDARDS IN DER KONVENTIONELLEN IMKEREI

Weite Bereiche der Biorichtlinien sind ebenfalls Standards in der konventionellen Imkerei. Auch die sonstigen Haltungspraktiken unterscheiden sich oft nur gering voneinander. Unterschiede gibt es beim Einsatz von Mitteln zur Reduzierung des Varroenbefalls. Die meisten Konzepte basieren auf der Verwendung von organischen Säuren und ätherischen Ölen, sowohl in der konventionellen wie auch in der biozertifizierten Bienenhaltung. Wenige chemische Mittel sind zugelassen. Sie wurden einem strengen Zulassungsverfahren unterzogen. Nach amtlicher Auskunft ergeben sich bei der Anwendung keine Rückstände. Wie viele davon tatsächlich genutzt werden, entzieht sich meiner Kenntnis. In meiner Imkerei und bei allen Schulungen werden biotechnische Verfahren und die Verwendung von organischen Säuren und ätherischen Ölen praktiziert. Logischerweise können Betriebe, die chemische Stoffe verwenden, keine Biozertifizierung erhalten. Obwohl sicherlich jede Wirtschaftsweise bemüht ist, rückstandsfreie Bienenprodukte zu erzeugen.

LOHNT SICH DIE UMSTELLUNG?

Insgesamt ist eine Zertifizierung aufwendig und mit Kosten verbunden. Verwendete Betriebsmittel und Produkte müssen untersucht und analysiert werden. Den Verbänden entstehen Kosten mit der Durchführung von Kontrollen und der Überwachung. Sie erheben deshalb entsprechende Gebühren. Für den Zeichennutzer soll sich die Umstellung jedenfalls lohnen. Das heißt, der Erlös für die Produkte muss deshalb höher sein als bei konventionell erzeugten und vermarkteten Erzeugnissen. Bei der Entscheidung, ob Zertifizierung oder nicht, spielt dieser Gesichtspunkt eine wichtige Rolle. Auch die Art und Weise, wie man vermarktet, muss in die Entscheidung miteinfließen. Bei der Direktvermarktung besteht sowieso ein entsprechendes Vertrauensverhältnis, dafür braucht man die Zertifizierung eigentlich nicht.

Wird hingegen im Biohofladen vermarktet, wo es fast ausschließlich Bioprodukte gibt, ist auch Honig mit Biosiegel obligatorisch.

Honigprämierungen

Die Imkerlandesverbände führen jährlich oder in einem bestimmten Turnus Honigprämierungen durch. Die Ausschreibung erfolgt in den imkerlichen Fachzeitschriften. Berechtigt zur Teilnahme sind die Mitglieder eines Verbandes, man muss sich zur Teilnahme anmelden. Die Handhabung erfolgt verbandsspezifisch. Üblicherweise beteiligt man sich mit einem oder mehreren Losen. Dazu müssen zu einem bestimmten Termin vier 500-g-Honiggläser eingesandt werden; die Kosten betragen meistens ca. 30 € je Los. Es kann sowohl flüssiger oder auch kristallisierter Honig eingesandt werden. Nach der Anmeldung bekommt man vom Ausrichter die Gewährstreifen übersandt, mit denen der einzusendende Honig etikettiert werden muss. Die Untersuchung nimmt in der Regel ca. 4 Wochen in Anspruch. Flüssig angelieferter Honig sollte dann auch den gesamten Zeitraum flüssig bleiben. Eine Sortenangabe ist nicht erforderlich, ansonsten müssen alle Angaben gemacht werden. Die Prämierung erfolgt anonym, anstelle der Namensangabe tragen die Gewährstreifen eine Nummer. So bleiben die Lose auch bis zum Abschluss der Bewertung anonym. Erst wenn alle Honige untersucht und die Preiszuteilung erfolgt ist, werden die Nummern den Einsender-Adressen zugeordnet.

LABORPRÜFUNG DER LOSE

Alle Lose werden einer Laborprüfung unterzogen:

- Überprüfung der Angaben auf dem Gewährstreifen
- Feststellung des Füllgewichtes
- Filtertest zur Überprüfung der Sauberkeit
- Messung des Wassergehaltes
- Messung der Invertaseaktivität
- Ggf. Messung der elektrischen Leitfähigkeit
- Ggf. Rückstandsanalyse

BEURTEILUNG DER LOSE DURCH DIE JURY

Nach der Laboruntersuchung erfolgt die Beurteilung des Loses durch eine aus mindestens drei Personen bestehenden Jury. Überprüft werden die Aufmachung, der Sitz des Gewährstreifens und die Sauberkeit des Glases. Die Sauberkeit des Honigs wird unter Zuhilfenahme des Filtertests geprüft: es sollen keine bedeutenden Verunreinigungen im Filter zu sehen sein. Der Zustand des Honigs kann kristallisiert oder flüssig sein. Kristallisierter Honig soll eine saubere trockene Oberfläche ohne Luftblasen haben und es soll kein Honig am Glasrand oder Deckel kleben. Flüssiger Honig soll keine Kristalle keine Luftblasen und eine blanke Oberfläche haben.

- Geruch: Er soll honigtypisch sein.
- Geschmack: Er soll honigtypisch sein.

- Wassergehalt: Er soll den Vorschriften entsprechen.
- Invertaseaktivität: Sie soll die Mindestanforderung von 64 U/kg erfüllen.

Für jedes Kriterium ist eine Bewertung von 5 Punkten angesetzt, sofern keine Mängel festgestellt werden. Je nach Ergebnis der Beurteilungen gibt es Punktabzüge. Es werden erste, zweite und dritte Preise (Gold, Silber, Bronze) vergeben.

Wie beschrieben, beinhaltet die Prämiierung eine Laboruntersuchung und eine visuelle wie sensorische Beurteilung des eingesandten Honigs. Für die bei der Untersuchung angegebene Honigmenge erhält man entsprechende Preismünzen, womit die Honiggläser dieser Sorte ausgelobt werden können.

Die Teilnahme ist sehr empfehlenswert. Kann man schon gut mit Honig umgehen, bekommt man einen Preis, womit man werben kann. Weist das eingesandte Los Mängel auf, so kann man daran arbeiten.

Honigausstellung nach einer Prämierung.

Wissensfragen

1. Wie hoch soll der Anteil des geschmacksdominierenden Honigs sein, wenn zu einer unspezifischen Sortenbezeichnung zusätzlich eine spezifische verwendet werden soll?
2. Wozu wird das Kriterium „elektrische Leitfähigkeit“ eines Honigs verwendet?
3. Bei einem Bienenvolk sind alle Waben voll mit Melezitosehonig. Was ist zu beachten?
4. Woraus wird Invertzuckercreme hergestellt?
5. Im deutschen Lebensmittelbuch wird die Farbe des Honigs in mm-Pfund-Graden angegeben, was ist das?
6. Wie kann die Blütenbildung verhindert werden?
7. Was sollte man über den Wassergehalt des Honigs wissen?
8. Welche Kriterien werden bei der Honigprämierung beurteilt?

Vermarktung des Honigs

Die Imkerei und der Honigmarkt in Deutschland

In Deutschland gibt es ca. 97 000 Imker und knapp 24 000 Imkerinnen. Sie halten und betreuen ungefähr 900 000 Bienenvölker.

Der Honigverbrauch in Deutschland liegt bei 1,1 bis 1,3 kg pro Kopf und Jahr. Eine große Menge des in Deutschland verbrauchten Honigs wird eingeführt. Er kommt aus Ländern wie Argentinien, Chile, Brasilien, Mexiko, Kuba, El Salvador, Kanada, China, Indien, Neuseeland, Thailand, Äthiopien, Madagaskar; aus den EU-Staaten Bulgarien, Italien, Polen, Rumänien, Spanien, Tschechische Republik sowie aus Nicht-EU-Staaten wie die Türkei und die Ukraine. Insgesamt werden aus diesen Ländern 85 000 bis 92 000 Tonnen jährlich geliefert. Die deutschen Imker erzeugen zwischen 20 000 und 25 000 Tonnen jährlich. Das sind zusammen knapp 110 000 Tonnen. Davon werden von den deutschen Honighändlern jährlich wieder etwas mehr als 20 000 Tonnen exportiert, sowohl in EU- und als auch Nicht-EU-Staaten und in fast alle Erdteile. In Deutschland werden nach diesen Angaben, die vom Statistischen Bundesamt Wiesbaden kommen, 80 000 bis 85 000 Tonnen Honig verbraucht.

Die inländische Erzeugung deckt mit 20 000 bis 25 000 Tonnen nur ca. ¼ des in Deutschland verbrauchten Honigs. Wegen des Einkaufsverhaltens der Verbraucher, meist schnell im Supermarkt, muss man sich als Honigvermarkter sehr um den Absatz bemühen. Der größte Teil der Imker sind Liebhaber oder Freizeitimker und bewirtschaften etwa 5 bis 10 Bienenvölker. Der Honigertrag pro Volk dürfte bei ca. 20 bis 25 kg liegen. Für ein Glas Honig mit 500 g bezahlen die Honigverbraucher, je nach Sorte, zwischen 6 und 10 €.

Gesetzliche Vorgaben zur Honigvermarktung

Die Vermarktung des Honigs wird von der Honigverordnung (HonigV), dem Lebensmittel-, Bedarfsgegenstände- und Futtermittelgesetzbuch (LFGB), der Lebensmittel-Kennzeichnungsverordnung (LMKV), der Lebensmittelhygieneverordnung (LMHV), der Los-Kennzeichnungs-Verordnung (LKV), der Fertigpackungsverordnung (FertigPackV oder FpackV), dem Eichgesetz (EichG) und der Preisangabe-Verordnung (PAngV) reglementiert. Zudem greift bei der Honigvermarktung das Produkthaftungsgesetz.

Honig, der verkauft werden soll, muss dafür vorbereitet sein. Das heißt, die Gläser, in seltenen Fällen auch kleine 2,5 oder 1,0 kg fassende Blech- oder Kunststoffeimer, sind mit dem angegebenen Gewicht befüllt (dieses wurde auf einer geeichten Waage kontrolliert), mit einem Aufklebeschild versehen, worauf sich alle Pflichtangaben befinden, und stehen nun zur Abgabe bereit. Wie zuvor beschrieben, weist der eingefüllte Honig die geforderte Qualität auf.

So vorbereitet, steht dem In-Verkehr-Bringen des Honigs nichts mehr im Wege. Jetzt brauchen wir nur noch Käufer für unseren hergerichteten Honig.

Marketing

Marketing ist die Bemühung, Kunden für unseren Honig und die weiteren Bienen-Produkte für einen angemessenen Preis zu finden. Die Wünsche und Bedürfnisse der aktuellen und potenziellen Kunden stehen im Mittelpunkt unserer unternehmerischen Überlegungen und Entscheidungen. Es gibt verschiedene Möglichkeiten, die Honigvermarktung zu organisieren.

Vermarktung über den Handel

- Abfüllstellen, Aufkäufer
- Belieferung von Läden, Bäckern, Fleischern etc.
- Belieferung von Supermärkten

Die Belieferung von Abfüllstellen oder Aufkäufern erfolgt in aller Regel in Lagerbehältern. Bei diesem Vermarktungsweg hat man weder den Aufwand des Honigbearbeitens und des Abfüllens, des Etikettierens noch des Honigverkaufs. Die Handelspreise sind allerdings so gering, dass die Erzeugungskosten in der Imkerei kaum oder gar nicht gedeckt werden. Es ist gewissermaßen ein Minus-Geschäft.

BEIM ABSATZ AN LÄDEN

Beim Absatz an Läden muss der Honig in bester Qualität in die Verkaufsgebinde gefüllt und etikettiert zum Verkauf vorbereitet werden. Die Erstellung einer Rechnung ist obligatorisch. Im Vergleich zur Direktvermarktung erzielt man geringere Erlöse. Man darf aber nicht vergessen, dass die Bedienung der Kunden bei der Direktvermarktung zeitaufwendig ist und dieser Aufwand bei der Marktvermittlung durch Läden eingespart wird.

Im Sortiment der Supermärkte befinden sich seit geraumer Zeit auch regionale Erzeugnisse und Produkte. Es ist also durchaus möglich, seinen Honig auch im Supermarkt zum Verkauf anzubieten. Vorab muss man klären, ob man in der Lage ist, die möglichen Verkaufskapazitäten zu erfüllen. Dabei wäre auch die Strategie „getrennt produzieren und gemeinsam vermarkten“ zu prüfen und ggf. zu nutzen.

Direktvermarktung

Bei der Direktvermarktung kann man den besten Preis erzielen, hat aber andererseits auch den größten Aufwand. Verbindet man den Honigkauf mit der Möglichkeit einer Degustation, kann man am besten auf die Kunden eingehen und ihre Wünsche erfüllen. Möglichkeiten der Direktvermarktung hat man auch im Beruf, in der Arbeitsstätte, bei Verwandten, in Vereinen etc.

VERMARKTUNG BEI GEMEINDE-, ORTS- UND REGIONALAUSSTELLUNGEN

Es ist oft auch möglich, dass man sich bei Standgemeinschaften engagiert. Beteiligungen bei Handwerker- oder Verbrauchsausstellungen sind ebenfalls ein guter Ansatz, um neue Kunden zu bekommen. Kann man sich zudem bei verschiedenen Organisationen für Führungen in die Natur und zum Bienenstand anbieten, dann hat man auch dadurch gute Absatzchancen.

Der Zusammenschluss mit anderen Direktvermarktern hat sich in den letzten Jahren als weitere gute Möglichkeit erwiesen.

Werbemittel

Ausspruch eines berühmten Unternehmers: „Jeden zweiten Dollar, den ich für Werbung ausgebe, gebe ich umsonst aus, nur ich weiß nicht, welches der richtige und welches der falsche ist." Ein paar weitere Sprüche, die auch in der Werbung für den Honigverkauf eine Bedeutung haben, sind: „Wer nicht mit der Zeit geht, geht…" oder „Wer nicht wirbt, der…".

Die beste und billigste Werbung geht von Mund zu Mund.

Oft sollte jedoch ein größerer Abnehmerkreis erschlossen werden, dazu muss man weitere Aktivitäten unternehmen. Ein geeignetes Hilfsmittel hierfür ist ein Folder oder Flyer von der eigenen Imkerei mit einem Honigangebot. Gute Werbemittel kann man auch vom D.I.B. beziehen.

Es gibt viele Gelegenheiten, bei denen er Bekannten, Kolleginnen und Kollegen in die Hand gegeben werden kann, um später nachzufragen, ob für eines der angebotenen Produkte Interesse bestünde. Sollte dann tatsächlich Interesse vorhanden sein, muss das erste übergebene Glas Honig in allen Punkten überzeugen.

Die gesamte Werbung für Honig und andere Nahrungsmittel darf nicht gesundheitsbezogen formuliert werden.

VERWENDUNG VON WERBETRÄGERN

Zum Namen einer Firma werden häufig Signets (Logo) verwendet. An ihrer Stelle können auch Symbole eingesetzt werden. Diese soll sich der Kunde schnell merken und schnell wiedererkennen können. Es können Fotos oder Zeichnungen, Abkürzungen oder grafisch hergestellte Symbole sein.

Die eigene Einstellung und die Organisation entscheiden, ob in der eigenen Imkerei ein entsprechendes Zeichen verwendet werden soll. Zwei Beispiele sollen dieses verdeutlichen: So einfach, wie diese beiden Beispiele auch aussehen, man wird sie auf der Visitenkarte, dem Briefbogen, dem Flyer, der Papiertragetasche oder auf dem T-Shirt schnell wiedererkennen. Dadurch hat jedes einzelne der einfachen Beispiele seinen Zweck erfüllt.

Corporate Identity – Das Selbstbild des Unternehmens

Hierbei handelt es sich um die konsequente Umsetzung eines einheitlichen Erscheinungsbildes in der Öffentlichkeit, verbunden mit einer entsprechenden einheitlichen Kommunikation sowie das darauf abgestimmte Verhalten aller Mitarbeiter des Unternehmens. Außer der Verwendung eines Erkennungsbildes sollen auch die Kommunikation und die Verhaltensweise eines Unternehmens einen einheitlichen Stil haben. Auch bei der Imkerei mit der Honigvermarktung lässt sich dies verwirklichen.

Es beinhaltet die einheitliche Gestaltung von
- Firmenamen und -zeichen
- Firmenfarben und Logos
- Geschäftspapieren, Flyern, Visitenkarten
- Symbolen.

MUSTER FÜR EINE ANSPRACHE AUF EINEM FLYER

Imkerei Bienenfleiß
Blütenstraße 1 · 77777 Hochgenuss

Liebe Natur- und Honigfreunde,
ich betreibe hier nebenberuflich eine Imkerei. Unseren Honig schätzen wir sehr. Auch wir essen täglich davon. Unsere heimische Vegetation ermöglicht es uns sogar, mehrere Honigsorten zu gewinnen.
Ich möchte Ihnen folgendes Angebot machen:
(Hier können Honigsortenbeschreibungen eingefügt werden)

(Eine Qualitätszusicherung)
Unser Honig wird sorgfältig gewonnen. Er entspricht der Honigverordnung und den strengen Qualitätsrichtlinien des Deutschen Imkerbundes.
Er wird regelmäßig auf Rückstände untersucht.

(Und eine Servicezusage)
Wir würden Sie gerne zu unseren Kunden zählen.
Wir fragen deshalb demnächst nach, ob Ihnen unser Angebot zusagt.
Gerne bringen wir Ihnen die Ware auch ins Haus.

Gestaltung eines Verkaufsraumes

Bei Nebenerwerbsimkereien sind die Einrichtung und der Unterhalt eines Verkaufsraumes aus wirtschaftlichen Gesichtspunkten nur in seltenen Fällen gerechtfertigt. Auf Verkaufsschränke, Regale oder Vitrinen kann man aber nicht verzichten. Damit kann man auf die Produkte und Erzeugnisse bei Kunden und sonstigen Besuchern aufmerksam machen. Es sollen Kerzen und Mittelwände, schöne Waben, Honigbonbons und -seifen und natürlich Honiggläser zu sehen sein. Den Raum, eventuell die Diele, schmückt man mit Fotos oder Collagen vom Umgang mit den Bienen, vom Honigschleudern oder vom Kerzenziehen.

WIE FINDE ICH DEN LADEN?

Gebäude oder Anwesen, in denen Direktvermarktung betrieben werden soll, müssen als solche erkennbar sein. Mit anderen Worten: Sie sollen positiv auffallen. Das kann durch Größe und Farbe der Gebäude, durch Blumenschmuck, Banner oder Werbeschilder erfolgen. Sie sollen eine persönliche Note tragen.

Ladeneinrichtung zum Honigverkauf.

WIE SIEHT ES DRINNEN AUS?
Es soll freundlich, sauber und hell sein. Die anzubietenden Produkte sollen präsent sein. Es gibt dafür viele Möglichkeiten. Einen Raum entsprechend zu gestalten, kann man lernen.

Hier kommt es auf die Ausdehnung der Imkerei an, ob Zusatzartikel mit angeboten werden oder ob man sich auf die eigenen Produkte begrenzt.

Online-Handel im Umfeld der zunehmenden Digitalisierung

Wachstumstreiber für den Onlinehandel sind:

- knappe Zeit für den Lebensmitteleinkauf
- unabhängigkeit von Ladenöffnungszeiten
- die demografische Entwicklung, mehr Singlehaushalte
- die standortunabhängige Erreichbarkeit
- mobiler Zugang zu Onlineshops über Smartphones, Tablets etc.

Nicht jedes Lebensmittel ist für den Onlineshop geeignet. Honig mit seiner Eigenschaft als ein sehr lange haltbares Lebensmittel kann jedoch dafür infrage kommen.

Warum heimischer Honig beim Kauf und beim Verbrauch bevorzugt werden soll

Drei Viertel des in Deutschland verbrauchten Honigs werden eingeführt. Er kommt aus allen Ländern der Erde. Honig, der im Handel angeboten wird, trägt als Ursprungsland oft die Bezeichnung „Mischung von Honig aus EU- und Nicht-EU-Ländern". Es wird kein einziges Herkunftsland genannt. Somit kann der Honig in einem so bezeichneten Glas von der gesamten Erde kommen. Selbstverständlich haben die Bienen auch dort ihre Bedeutung sowohl für die Pflanzenwelt als auch für die damit arbeitenden Menschen. Trotzdem, so meine ich, muss auch der Verkauf des in Deutschland erzeugten Honigs gefördert werden. Denn beim Einkaufsverhalten in Deutschland ist es nicht ganz einfach,

Für flüssigen Honig ist ein Honigheber praktisch.

einen Markt für ein paar Hundert Honiggläser zu finden. Deshalb sollte man ein paar Argumente parat haben, um den Verkauf des Honigs zu unterstützen.

Jeder von uns hat seine eigene Begabung, entsprechend zu argumentieren. Ein paar einfache Argumente werden hier aufgeführt.

BESTÄUBUNGSSICHERUNG

- Mit jedem Löffel einheimischen Honigs, den man zu sich nimmt, leistet man einen Beitrag zum Naturerhalt.
- Honig kann man importieren, die Bestäubung nicht.
- Bei der Verkostung des heimischen Honigs schmeckt und riecht man Natur.
- Heimische Bienen sorgen für den Frucht- und Samenansatz in der Umgebung.

QUALITÄT UND GESCHMACK

- Es gibt eine Sortenvielfalt.
- Es gibt strenge Qualitätskriterien durch die D.I.B.-Anforderungen.

REGIONALE VERMARKTUNG

- Kurze Transportwege
- Serviceleistungen
- Vertrauen in die heimische Imkerei, Vertrauen in die Person.

KONTROLLIERTE WARE

- Gesetzlich vorgeschriebene und staatlich geprüfte Strategien zur Gesundheitsüberwachung der Bienenvölker
- Markt- und Erzeugerkontrollen des Honigs

HEIMISCHER HONIG ZUR DESENSIBILISIERUNG DES HEUSCHNUPFENS

- Honig, der im Umkreis der Wohnung eines Pollenallergikers erzeugt wird, beinhaltet in ganz geringer Menge den Blütenstaub, auf den sein Körper allergisch reagiert. Mit täglichem oder regelmäßigem Honigverzehr kontaktiert man seine empfindlichen Schleimhäute genau mit dem Stoff, gegen den er allergisch ist. An diese geringen Mengen im Honig kann sich ein Körper gewöhnen, es muss nur rechtzeitig damit begonnen werden.

Wissensfragen

1. Wie ist der Selbstversorgungsgrad mit Honig in Deutschland?
2. Kann Honig auch über den Einzel- oder Großhandel verkauft werden?
3. Wieviel Honig erzeugen die Imker in Deutschland in etwa?
4. Kann man das Erzeugerland auf den Etiketten ablesen?
5. Auf einem Etikett steht: „Mischung von Honig aus EU und Nicht-EU-Staaten“. Weiß man, ob es sich um ein inländisches Erzeugnis handelt?

Gesetze und Verordnungen

Deutsches Lebensmittelbuch

Leitsätze für Honig

ALLGEMEINE BEURTEILUNGSMERKMALE

Begriffsbestimmungen: Honig im Sinne dieser Leitsätze ist das in der Honigverordnung beschriebene Erzeugnis mit Ausnahme von gefiltertem Honig und von Backhonig.

Herstellung: Die Gewinnung und Bearbeitung von Honig erfolgt wie in der Honigverordnung beschrieben. Honig wird aus gedeckelten, brutfreien Waben als reifer Honig durch Schleudern, Pressen oder Austropfen und (mit Ausnahme des Presshonigs) ohne Wärmezufuhr gewonnen. Dem Honig werden keine honigeigenen Stoffe entzogen, er wird ggf. durch Sieben gereinigt, gerührt, gemischt und in Lager- bzw. Transportbehälter oder als Fertigpackung abgefüllt. Eine darüberhinausgehende Bearbeitung erfolgt nicht, insbesondere werden keine honigfremden Stoffe zugesetzt.

Lagerung, Transport und ggf. weitere Abfüllungen erfolgen nur so, dass die charakteristischen Eigenschaften des Honigs nicht verändert werden; insbesondere darf keine Wärmeschädigung eintreten.

Wabenhonig wird in ganzen oder geteilten Waben in Verkehr gebracht.

Beschaffenheitsmerkmale: Honig weist die charakteristischen Eigenschaften auf, die in der Honigverordnung beschrieben sind.

1. Bezeichnung und Aufmachung

In den Leitsätzen sind die Verkehrsbezeichnungen kursiv gedruckt.

Für Honig werden die Verkehrsbezeichnungen verwendet, die in der Honigverordnung aufgeführt sind. z. B. ***Honig, Blütenhonig, Honigtauhonig, Wabenhonig***.

Hinweise auf eine besondere Auswahl in Bezug auf einzelne Merkmale (z. B. Geschmack, Konsistenz, Farbe, regionale Herkunft) sind üblich.

Werden Angaben zum Erntezeitpunkt wie z. B. Frühtracht, Sommertracht, Frühjahrsblüte, Sommerblüte gemacht, setzt dies voraus, dass die Bienen den Honig in der entsprechenden Jahreszeit erzeugt haben und der Honig auch zu diesem Zeitpunkt geerntet wurde. Frühtracht und Sommertracht enthalten je nach Trachtangebot Nektar und Honigtau in variablen Anteilen. Bei der Frühtracht überwiegt der Nektaranteil. Honige mit der Angabe Frühjahrsblüte oder Sommerblüte sind Blütenhonige.

Vom Menschen hergestellte Mischungen monofloraler Honige tragen die Verkehrsbezeichnung Honig. Sofern die botanische Herkunft der verwendeten Honige angegeben werden soll, werden sie als Mischung von ..., wie z. B. ***Mischung von Akazien- und Lindenhonig*** bezeichnet.

Für Honig, der unmittelbar vom Imker, der den Honig erzeugt hat, in Endverbrauchsgebinde abgefüllt wird, bzw. Honig, der direkt vom erzeugenden Imker an den Verbraucher abgegeben wird, können Angaben wie „vom Imker abgefüllt“ bzw. „aus eigener Imkerei“ gemacht werden.

2. Besondere Beurteilungsmerkmale für Honig besonderer Qualität

Bei besonders sorgfältiger Auswahl, Gewinnung, Lagerung und Abfüllung des Honigs werden die nachfolgenden Angaben zur Bezeichnung einer besonderen Qualität verwendet. Diese Honige weisen in der Regel eine homogene Konsistenz auf.

WIRD DIE BEZEICHNUNG „AUSLESE“ VERWENDET, WEISEN DIE ERZEUGNISSE FOLGENDE MERKMALE AUF:

- Der HMF-Gehalt beträgt maximal 15 mg/kg (bestimmt mittels HPLC gemäß Methode L 40.00-10/3 nach § 64 LFGB bzw. DIN 10751/3 oder photometrisch gemäß Methode L 40.00-10/1 nach §64 LFGB bzw. DIN 10751/1). Bei Honigsorten mit einem geringeren natürlichen Enzymgehalt beträgt der HMF-Gehalt maximal 10 mg/kg.
- Die Invertaseaktivität beträgt mindestens 60 U/kg (bestimmt nach Siegenthaler gemäß Methode L 40.00-8/1 nach § 64 LFGB bzw. DIN 1075971). Bei Honigsorten mit einem geringeren natürlichen Enzymgehalt bleibt die Invertaseaktivität unberücksichtigt.
- Der Wassergehalt beträgt maximal 18 g/100g (bestimmt gemäß Methode L 40.00_2 nach § 64 LFGB bzw. DIN 10752). Bei Heidehonig (*Calluna*) beträgt der Wassergehalt maximal 19 g/100 g.

WERDEN ANGABEN WIE „FEINE AUSLESE“, „FEINSTE AUSLESE“, „EXTRA FEINE AUSLESE“ ODER „PREMIUM“ VERWENDET, WEISEN DIE ERZEUGNISSE FOLGENDE MERKMALE AUF:

- Der HMF-Gehalt beträgt maximal 10 mg/kg (bestimmt mittels HPLC gemäß Methode L 40.00-10/3 nach § 64 LFGB bzw. DIN 10751/3 oder photometrisch gemäß Methode L 40.00-10/1 nach § 64 LFGB bzw. DIN 10751/1). Bei Honigsorten mit einem geringen natürlichen Enzymgehalt beträgt der HMF-Gehalt maximal 5 mg/kg.
- Die Invertaseaktivität beträgt mindestens 85 U/kg (bestimmt nach Siegenthaler gemäß Methode L 40.00-8/1 nach § 64 LFGB bzw. DIN 10759/1). Bei Honigsorten mit einem geringen natürlichen Enzymgehalt bleibt die Invertaseaktivität unberücksichtigt.
- Der Wassergehalt beträgt maximal 18 g/100g (bestimmt gemäß Methode L 40.00-2 nach § 64 LFGB bzw. DIN 10752). Bei Heidehonig (*Calluna*) beträgt der Wassergehalt maximal 19 g/100 g.

3. Besondere Beurteilungsmerkmale für bestimmte Honige

Sortenhonige müssen insbesondere die für die jeweilige spezifische botanische Herkunft charakteristischen organoleptischen Merkmale aufweisen.

Der jeweils angegebene Pollengehalt ist die relative Pollenhäufigkeit in Prozent (bestimmt gemäß Methode L 40.00-11 nach § 64 LFGB bzw. DIN 10760).

Die Beurteilung von Qualität und Authentizität einer Probe erfolgt durch Prüfung auf die für die einzelnen Honige angegebenen Parameter und deren sachkundige Bewertung. Letztere bleibt Experten überlassen, die anhand ihrer Erfahrung die Vielfalt der natürlich bedingten und ggf. technisch unvermeidbaren Schwankungsbreiten kennen und beurteilen können.

Generell wird die Beurteilung der Qualität und Authentizität nicht nur auf die Berücksichtigung eines einzelnen abweichenden Parameters beschränkt, sondern schließt eine kritische Betrachtung aller Merkmale (organoleptische, mikroskopische und physikalisch-chemische) gemäß Honigverordnung ein.

3.1. Honige spezifischer botanischer Herkunft

Honige spezifischer botanischer Herkunft entstammen vollständig bis überwiegend – unter Berücksichtigung der natürlichen Schwankungsbreite – den angegebenen Blüten oder Pflanzen. Der Honig weist die für die angegebene Herkunft typischen organoleptischen, mikroskopischen und physikalisch-chemischen Merkmale auf.

3.1.1. Blütenhonige

3.1.1.1. Akazienblütenhonig (Robinienblütenhonig)

Akazienblütenhonig, Akazienhonig, Robinienblütenhonig, Robinienhonig ist der Honig aus Nektar von Scheinakazienblüten (*Robinia pseudoacacia*).

Organoleptische Merkmale	
Farbe	klar, wasserhell bis hellgelb
Geruch	mild, schwach aromatisch
Geschmack	schwach blumig, mild, schwach aromatisch
Konsistenz / Struktur	flüssig, ohne Kristallisation

Mikroskopische und physikalisch-chemische Merkmale	
Robinienpollen in %	mindestens 20 Robinienpollen sind natürlicherweise unterrepräsentiert
Elektrische Leitfähigkeit in mS/cm	höchstens 0,20
Verhältnis Fructose zu Glucose	mindestens 1,55
Farbe in mm Pfund-Graden	höchstens 15
Sonstiges	in der Regel mit einem geringen natürlichen Enzymgehalt

3.1.1.2. Heideblütenhonig

Heideblütenhonig, Heidehonig ist der Honig aus Nektar von Blüten der Heidekrautarten *Calluna vulgaris* und/oder *Erica spp.* Die Verkehrsbezeichnung kann durch die weitergehende botanische Herkunft wie ***Heideblütenhonig*** von Besenheide, ***Heidehonig*** von Besenheide oder ***Heideblütenhonig*** von Erica, ***Heidehonig*** von Erica ergänzt werden.

In Deutschland wird ***Heideblütenhonig, Heidehonig*** nahezu ausschließlich von Besenheide (*Calluna vulgaris*) gewonnen.

3.1.1.2.1. *Calluna* (Besenheide)

Organoleptische Merkmale	
Farbe	hellbraun, rötlich-braun
Geruch	kräftig-aromatisch, herb
Geschmack	kräftig-aromatisch, herb, manchmal mit Bitternote
Konsistenz / Struktur	geleeartig, einzelne hagelkornartige Kristalle sind möglich

Mikroskopische und physikalisch-chemische Merkmale	
Callunapollen in %	bedingt durch die Gewinnungsart große Schwankungsbreite (2 bis 90)
Elektrische Leitfähigkeit in mS/cm	mindestens 0,70
Verhältnis Fructose zu Glucose	mindestens 1,20
Farbe in mm Pfund-Graden	bedingt durch die geleeartige Konsistenz schwer messbar
Sonstiges	thixotrop, Proteingehalt mindestens 1,15 %; hohe Diastaseaktivität

3.1.1.2.2. *Erica*

Organoleptische Merkmale	
Farbe	hell- bis dunkelbraun
Geruch	würzig, aromatisch
Geschmack	würzig, aromatisch, herb
Konsistenz / Struktur	kristallin oder flüssig

Mikroskopische und physikalisch-chemische Merkmale	
Erica-Pollen in %	mindestens 45
Elektrische Leitfähigkeit in mS/cm	mindestens 0,5 – kann je nach Ericaart schwanken
Verhältnis Fructose zu Glucose	1,0 bis 1,30 – von der Ericaart abhängig
Farbe in mm Pfund-Graden	mindestens 50
Sonstiges	–

3.1.1.3. Kleeblütenhonig

Kleeblütenhonig, Kleehonig ist Honig aus Nektar von Kleeblüten der Gattungen *Trifolium, Melilotus* und / oder *Lotus*.

Organoleptische Merkmale	
Farbe	weiß bis hellgelb
Geruch	schwach aromatisch
Geschmack	blumig, schwach aromatisch
Konsistenz / Struktur	kristallin

Mikroskopische und physikalisch-chemische Merkmale	
Kleepollen in %	mindestens 70, bei Lotushonig mindestens 80
Elektrische Leitfähigkeit in mS/cm	höchstens 0,20 – bei neuseeländischer Herkunft bis 0,30
Verhältnis Fructose zu Glucose	höchstens 1,30 – ist von der Kleeart abhängig
Farbe in mm Pfund-Graden	höchstens 35
Sonstiges	–

3.1.1.4. Orangenblütenhonig

Orangenblütenhonig, Orangenhonig ist Honig aus Nektar von Orangenblüten (*Citrus sinensis*).

Organoleptische Merkmale	
Farbe	weiß bis dunkelorange
Geruch	aromatisch, blumig, nach Orangenblüten
Geschmack	intensiv, aromatisch, blumig
Konsistenz / Struktur	flüssig oder kristallin

Mikroskopische und physikalisch-chemische Merkmale	
Citruspollen in %	mindestens 20 (Pollen sind unterrepräsentiert)
Elektrische Leitfähigkeit in mS/cm	0,10 bis 0,30
Verhältnis Fructose zu Glucose	mindestens 1,10
Farbe in mm Pfund-Graden	10 bis 60
Sonstiges	mindestens 2 mg/kg Methylanthranilat; in der Regel mit einem geringen natürlichen Enzymgehalt

3.1.1.5. Rapsblütenhonig

Rapsblütenhonig, Rapshonig ist Honig aus Nektar von Rapsblüten (*Brassica napus*).

Organoleptische Merkmale	
Farbe	weiß bis hellbeige
Geruch	mild, schwach blumig bis kohlartig
Geschmack	mild, schwach blumig, Mundgefühl: leicht kühlend
Konsistenz / Struktur	fest oder in der Regel durch Bearbeitung feinkristallin, cremig

Mikroskopische und physikalisch-chemische Merkmale	
Rapspollen in %	mindestens 80
Elektrische Leitfähigkeit in mS/cm	höchstens 0,22
Verhältnis Fructose zu Glucose	höchsten 1,0
Farbe in mm Pfund-Graden	höchstens 30
Sonstiges	–

3.1.1.6. Sonnenblumenblütenhonig

Sonnenblumenblütenhonig, Sonnenblumenhonig ist Honig aus Nektar von Sonnenblumenblüten (*Helianthus annuus*).

Organoleptische Merkmale	
Farbe	dottergelb
Geruch	mild, fruchtig aromatisch
Geschmack	fruchtig, aromatisch
Konsistenz / Struktur	kristallin, neigt zur Entmischung

Mikroskopische und physikalisch-chemische Merkmale	
Sonnenblumenpollen in %	mindestens 50
Elektrische Leitfähigkeit in mS/cm	0,20 bis 0,40
Verhältnis Fructose zu Glucose	Höchstens 1,10
Farbe in mm Pfund-Graden	40 bis 60
Sonstiges	–

3.1.2. Honige aus Nektar und Honigtau

Die folgenden Honige enthalten Nektar und Honigtau derselben botanischen Herkunft in variablen Anteilen, abhängig von Nektar-und Honigtauverfügbarkeit. Im Einzelfall kann der Honig nahezu vollständig aus Nektar oder nahezu vollständig aus Honigtau bestehen.

3.1.2.1. Eukalyptushonig

Eukalyptushonig ist Honig aus Nektar und Honigtau von Eukalyptusarten (*Eucalyptus* spp.).

Organoleptische Merkmale	
Farbe	hellbernsteinfarben bis dunkel
Geruch	karamellartig, manchmal würzig
Geschmack	malzig, karamellartig, manchmal würzig
Konsistenz / Struktur	flüssig bis kristallin

Mikroskopische und physikalisch-chemische Merkmale	
Eukalyptuspollen in %	mindestens 85; bei überwiegend Honigtauhonig mindestens 70
Elektrische Leitfähigkeit in mS/cm	0,30 bis deutlich über 1,00
Verhältnis Fructose zu Glucose	Mindestens 1,05
Farbe in mm Pfund-Graden	20 bis 100
Sonstiges	–

3.1.2.2. Kastanienhonig / Edelkastanienhonig

Kastanienhonig / Edelkastanienhonig ist Honig aus Nektar und Honigtau der Edelkastanie (*Castanea sativa*).

Organoleptische Merkmale	
Farbe	hell bis dunkelbraun
Geruch	herb, kräftig mit penetranter Note
Geschmack	kräftig herb, deutlich bitter, adstringierend
Konsistenz / Struktur	flüssig bis zähflüssig

Mikroskopische und physikalisch-chemische Merkmale	
Edelkastanienpollen in %	mindestens 90 (Pollen stark überrepräsentiert)
Elektrische Leitfähigkeit in mS/cm	in Abhängigkeit vom Honigtauanteil große Schwankungsbreite (0,80 bis 2,00)
Verhältnis Fructose zu Glucose	mindestens 1,45
Farbe in mm Pfund-Graden	mindestens 70
Sonstiges	pH-Wert 4,5 bis 6,3; hohe Enzymaktivität

3.1.2.3. Lindenhonig

Lindenhonig ist Honig aus Nektar und Honigtau von Lindenarten (*Tilia* spp.).

Organoleptische Merkmale	
Farbe	beige-gelblich mit Grünstich, je nach Honigtauanteil auch dunkler
Geruch	intensiv, medizinisch-minzig, mentholartig
Geschmack	intensiv, medizinisch-minzig, mentholartig, leicht bitter, lang anhaltend
Konsistenz / Struktur	flüssig bis kristallin

Mikroskopische und physikalisch-chemische Merkmale	
Lindenpollen in %	mindestens 20 (Pollen unterrepräsentiert)
Elektrische Leitfähigkeit in mS/cm	in Abhängigkeit vom Honigtauanteil große Schwankungsbreite (0,30 bis 0,90)
Verhältnis Fructose zu Glucose	mindestens 1,10
Farbe in mm Pfund-Graden	in Abhängigkeit vom Honigtauanteil große Schwankungsbreite (11 bis 55)
Sonstiges	–

3.1.3. Honigtauhonige

Honigtauhonige zeichnen sich gegenüber Blütenhonigen insbesondere durch die folgenden Charakteristika aus:

- höhere elektrische Leitfähigkeit,
- höhere pH-Werte,
- die Summe aus Fructose und Glucose ist niedriger,
- Zuckerspektrum mit deutlichen Anteilen an höhermolekularen Zuckern,
- mikroskopisch sichtbare charakteristische Honigtaubestandteile, insbesondere Pilzelemente, Algen, kristalline Masse, Wachswolle und Wachsröhren.

3.1.3.1. Fichtenhonigtauhonig

Fichtenhonigtauhonig, Fichtenhonig, Rottannenhonigtauhonig, Rottannenhonig ist Honigtauhonig von Fichtenarten (*Picea* spp.).

Organoleptische Merkmale	
Farbe	rotbraun
Geruch	malzig-würzig
Geschmack	malzig-würzig mit säuerlicher Note
Konsistenz / Struktur	zähflüssig bis kristallin

Mikroskopische und physikalisch-chemische Merkmale	
Honigtauelemente	deutlicher Anteil an Pilzelementen; Algen; mittlere bis große Menge kristalliner Masse; Wachsröhren; eventuell Wachswolle
Elektrische Leitfähigkeit in mS/cm	mindestens 0,80
Verhältnis Fructose zu Glucose	mindestens 1,0
Farbe in mm Pfund-Graden	mindestens 70
Sonstiges	in der Regel u. a. Melezitose als weiterer Zucker; hohe Enzymaktivität

3.1.3.2. Pinienhonigtauhonig

Pinienhonigtauhonig, Pinienhonig ist Honigtauhonig von Kieferarten (*Pinus* spp.).

Organoleptische Merkmale	
Farbe	hell bis dunkelbraun
Geruch	würzig, harzig (terpenähnlich)
Geschmack	intensiv malzig- würzig und harzig (terpenähnlich)
Konsistenz / Struktur	zähflüssig

Mikroskopische und physikalisch-chemische Merkmale	
Honigtauelemente	sehr hohe Anteile an charakteristischen Pilzelementen, Wachswolle und kristalliner Masse; Algen
Elektrische Leitfähigkeit in mS/cm	mindestens 1.0
Verhältnis Fructose zu Glucose	mindestens 1,20
Farbe in mm Pfund-Graden	mindestens 60
Sonstiges	–

3.1.3.3. Tannenhonigtauhonig

Tannenhonigtauhonig, Tannenhonig, Weißtannenhonigtauhonig, Weißtannenhonig ist Honigtauhonig der Weißtanne (*Abies alba*).

Organoleptische Merkmale	
Farbe	grünlich-braun, rotbraun, tiefbraun
Geruch	harzig, malzig
Geschmack	intensiv harzig-malzig, erinnert an Trockenpflaumen
Konsistenz / Struktur	zähflüssig

Mikroskopische und physikalisch-chemische Merkmale	
Honigtauelemente	deutlicher Anteil an Pilzelementen; Algen; kristalline Masse; Wachsröhren
Elektrische Leitfähigkeit in mS/cm	mindestens 1,10
Verhältnis Fructose zu Glucose	mindestens 1,15
Farbe in mm Pfund-Grade	mindestens 80
Sonstiges	in der Regel u. a. Melezitose als weiterer Zucker; hohe Enzymaktivität

3.1.4. Honige mit der Angabe von mehr als einer botanischen Herkunft

Honige können mit mehr als einer botanischen Herkunftsangabe wie z. B. ***Raps-Klee-Honig oder Fichten- und Tannenhonig*** in Verkehr gebracht werden, wenn der Honig von den Bienen in demselben Zeitraum und aus Trachtquellen desselben geografischen Ursprungs natürlich erzeugt wurde. Ein derartig bezeichneter Honig entstammt vollständig bis überwiegend – unter Berücksichtigung der natürlichen Schwankungsbreite – den angegebenen Blüten oder Pflanzen. Der Honig weist die für die angegebenen botanischen Herkünfte typischen organoleptischen, mikroskopischen und physikalisch-chemischen Merkmale auf.

3.2. Honige mit regionaler, territorialer oder topografischer Herkunftsangabe

3.2.1. Gebirgsblütenhonig, Bergblütenhonig

Honige mit topografischer Herkunftsangabe wie ***Gebirgsblütenhonig*** und ***Bergblütenhonig*** entstammen dem Nektar und/oder Honigtau von Pflanzen aus Gebirgs- oder Berglandschaften.

Je nach regionaler, territorialer oder topografischer Herkunft können Honige aus Gebirgs- oder Berglandschaften unterschiedliche organoleptische, chemisch-physikalische oder mikroskopische Eigenschaften aufweisen. Eine Festlegung auf bestimmte Pflanzenarten oder Charakteristika ist aufgrund der möglichen Vielfalt nicht sinnvoll.

3.2.2. Waldhonig

Waldhonig ist Honigtauhonig, der vollständig von Pflanzen aus Wäldern stammt. Parkanlagen in städtischen Umgebungen gelten nicht als Wald.

3.3. Honige mit unspezifischer botanischer Herkunft

3.3.1. Wildblütenhonig

Wildblütenhonig ist der Blütenhonig, der vollständig vom Nektar nicht kultivierter Wildpflanzen stammt. Wildpflanzen sind dabei alle in dem Herkunftsgebiet des Menschen nicht kultivierte Arten. Wildblütenhonig hat nicht den Charakter eines Sortenhonigs.

Aufgrund der möglichen Vielfalt in der Zusammensetzung sind spezifische Angaben zu organoleptischen und chemisch-physikalischen Merkmalen nicht sinnvoll.

3.4. Sonstige Honige

3.4.1. Honige mit der Angabe einer spezifischen und einer unspezifischen Herkunft

Honige können mit einer spezifischen und einer unspezifischen Herkunftsangabe (z. B. ***Akazienhonig mit Frühjahrsblüte, Lindenhonig mit Sommertracht***) in Verkehr gebracht werden, sofern der Honig von den Bienen in demselben Zeitraum und aus Trachtquellen desselben geografischen Ursprungs natürlich erzeugt wurde. Derartige Honige weichen in der Regel geringfügig von den typischen organoleptischen, mikroskopischen und physikalisch-chemischen Merkmalen des Honigs mit der genannten spezifischen botanischen Herkunft ab.

3.4.2. Honige mit Angabe einer unspezifischen und einer spezifischen Herkunft

Honige können mit einer unspezifischen und einer spezifischen Herkunftsangabe (z. B. ***Frühjahrsblüte mit Akazienhonig, Sommertracht mit Lindenhonig, Sommertracht mit Heidehonig, Waldhonig mit Edelkastanienhonig***) in Verkehr gebracht werden, sofern der Honig von den Bienen in demselben Zeitraum und aus den Trachtquellen desselben geografischen Ursprungs natürlich erzeugt wurde. Bei derartigen Honigen sind die typischen organoleptischen, mikroskopischen und physikalisch-chemischen Merkmale des Anteils mit der genannten spezifischen botanischen Herkunft noch erkennbar.

Das Verpackungsgesetz betrifft auch die Imkerei

Für den Verkauf unseres Honigs benötigen und verwenden wir Honiggläser und entsprechende Kartons. Es handelt sich dabei um Verpackungsmaterial. Im Verpackungsgesetz heißt es also: Wer Verpackungen in Verkehr bringt, ist Hersteller einer Verpackung. Dies wiederum verpflichtet uns als Hersteller, dass wir uns als Hersteller im Verpackungsregister registrieren. Das Verpackungsregister nennt sich LUCID und ist die Internetplattform der Stiftung Zentrale Stelle Verpackungsregister (ZSVR).

Es klingt etwas ungewöhnlich, dass gewerbliche Imkereibetriebe zur Registrierung verpflichtet sind. Als Imkereibetrieb fühlt man sich eher der Land- und Forstwirtschaft zugehörig als dem Gewerbe.

Das Verpackungsgesetz definiert die Zugehörigkeit zum Gewerbe in Bezug auf das Verpackungsgesetz folgendermaßen:

„Wer seine selbstständige Tätigkeit durch Gewerbeanzeige angezeigt hat, anzeigen müsste oder wer im Sinne des Einkommensteuerrechts Einkünfte aus Gewerbebetrieb, selbstständiger Arbeit oder Land- und Forstwirtschaft erzielt, handelt in jedem Fall gewerbsmäßig im Sinne des Verpackungsgesetzes (VerpackG).“ [...] „Auch wer Verluste aus seiner Tätigkeit steuerlich geltend macht oder wer einen Gewinn aus Land- und Forstwirtschaft nach Durchschnittssätzen (§ 13a Abs. 6 EStG) ermittelt, handelt gewerbsmäßig.“

Für jede gewerbliche Imkerei ist es somit Pflicht, sich zu registrieren. Ist man registriert, muss ein Vertragsabschluss mit einem Unternehmen des Dualen Systems erfolgen, hier bekannt „Der grüne Punkt“. Der Betrieb des Dualen Systems übernimmt die Rücknahme, Entsorgung und Wiederverwertung der Gläser und auch des anderen Verpackungsmaterials. Der Imker trägt die Kosten hierfür.

Nun kommen die Ausnahmen. Die Stiftung Zentrale Stelle Verpackungsregister führt dazu folgendes aus:

„Ein Imker mit bis zu 30 Völkern betreibt Imkerei steuerlich grundsätzlich als Liebhaberei und damit als Hobby. Er muss einkommensteuerrechtlich keine Einnahmen versteuern, darf dann jedoch auch keine Verluste geltend machen. In diesem Fall erwartet die ZSVR keine Registrierung und Beteiligung an einem (dualen) System, sofern keine entgegengesetzte Einstufung durch das Finanzamt vorliegt.“ [...] „Ab 31 Völkern ist die Imkerei einkommensteuerrechtlich immer erheblich und daher gewerbsmäßig im Sinne des Verpackungsgesetzes mit der Folge, dass die Pflichten des Verpackungsgesetzes hinsichtlich der in Verkehr gebrachten Verpackungen zu erfüllen sind, wenn nicht Serviceverpackungen (inkl. Delegation) oder Mehrwegverpackungen (§ 3 Abs. 3 VerpackG) genutzt werden“.

Wie schon erwähnt, sind auch Imkereien mit 31 und mehr Völkern von der Lizenzierungspflicht befreit, wenn Mehrwegverpackungen genutzt werden. Die Gläser müssen dann als „Mehrwegglas“ oder „Pfandglas“ gekennzeichnet sein. In diesen Fällen muss logischerweise auch die Rücknahme der Gläser organisiert sein.

Honigverordnung

Mit der Honigverordnung vom 16.01.2004, in Kraft getreten zum 01.08.2004, wurde die Richtlinie 2001/110/EG in deutsches Recht umgesetzt. Es werden darin Bezeichnungsvorschriften und Beschaffenheitsanforderungen sowie Begriffsbestimmungen für Honig festgeschrieben. Für die Honigvermarktung ist die Honigverordnung ein bindendes Gesetz. Für die Marke Deutscher Honig werden höhere Qualitätsanforderungen gestellt.

Inhalt des Gesetzes

Honig, der gewerbsmäßig in den Verkehr gebracht wird, muss den folgenden Vorschriften entsprechen: Es sind Verkehrsbezeichnungen vorgeschrieben. Diese sind den aufgeführten Erzeugnissen vorbehalten. Die Bezeichnungen können bei den Nummern 1, 2, 5, 6 und 7 durch „Honig“ ersetzt werden.

Eine Sortenbezeichnung ist bei den Nummern 1 bis 7 zulässig, wenn der Honig überwiegend den genannten Blüten oder Pflanzen entstammt und die entsprechenden organoleptischen, physikalisch-chemischen und mikroskopischen Merkmale aufweist. Auch eine regionale, territoriale oder topografische Herkunftsbezeichnung kann verwendet werden, wenn der Honig ausschließlich die angegeben Herkunft aufweist; zudem darf er mit einer Qualitätsmerkmalsbezeichnung versehen werden.

Zusätzlich sind das Ursprungsland oder die Ursprungsländer anzugeben oder stattdessen muss die folgende Angabe gemacht werden, sofern der Honig dort erzeugt wurde:

- „Mischung von Honig aus EU-Ländern“,
- „Mischung von Honig aus Nicht-EU-Ländern“,
- „Mischung von Honig aus EU-Ländern und Nicht-EU-Ländern“.

Bei Backhonigen ist der Hinweis „nur zum Kochen und Backen“ zu machen.

Honig ist von der zuständigen Behörde auf Rückstände verbotener oder nicht zugelassener Stoffe oder sonstiger Rückstände oder Gehalte zu untersuchen.

Honigbehälter sind vom Abfüller mit einem Mindesthaltbarkeitsdatum zu versehen, bis zum Ablauf dieser Frist muss der Honig den Bestimmungen entsprechen.

Nach der Lebensmittel-Kennzeichnungsverordnung ist der Hersteller / Abfüller auf dem Behälter anzugeben.

ANLAGE 1 (ZU DEN §§ 1, 3 UND 4): BEGRIFFSBESTIMMUNGEN, BEZEICHNUNGEN DER LEBENSMITTEL

Abschnitt I: Allgemeines

Honig ist der natursüße Stoff, der von Honigbienen erzeugt wird, indem die Bienen Nektar von Pflanzen oder Sekrete lebender Pflanzenteile oder sich auf den lebenden Pflanzenteilen befindende Exkrete von an Pflanzen saugenden Insekten aufnehmen, durch Kombination mit eigenen spezifischen Stoffen umwandeln, einlagern, dehydratisieren und in den Waben des Bienenstockes speichern und reifen lassen.

Honig besteht im Wesentlichen aus verschiedenen Zuckerarten, insbesondere aus Fructose und Glucose sowie aus organischen Säuren, Enzymen und beim Nektarsammeln aufgenommenen festen Partikeln. Die Farbe des Honigs reicht von nahezu farblos bis dunkelbraun. Er kann von flüssiger, dickflüssiger oder teilweise bis durchgehender kristalliner Beschaffenheit sein. Die Unterschiede in Geschmack und Aroma werden von der jeweiligen botanischen Herkunft bestimmt.

Abschnitt II: Honigarten

Nach Herkunft, Gewinnungsart, Angebotsform oder Zweckbestimmung werden folgende Honigarten unterschieden:

Verkehrs-bezeichnung	Begriffsbestimmung	Zusätzliche Bezeichnungen sind möglich
1. Blütenhonig oder Nektarhonig oder Honig	Vollständig oder überwiegend aus dem Nektar von Pflanzen stammender Honig	Sorte Qualität Region
2. Honigtauhonig oder Honig	Honig, der vollständig oder überwiegend aus auf lebenden Pflanzenteilen befindlichen Exkreten von an Pflanzen saugenden Insekten (Hemiptera) oder aus Sekreten lebender Pflanzenteile stammt	Sorte Qualität Region
3. Wabenhonig oder Scheibenhonig	Von Bienen in den gedeckelten, brutfreien Zellen der von ihnen frisch gebauten Honigwaben aus feinen, ausschließlich aus Bienenwachs hergestellten gewaffelten Wachsblättern gespeicherter Honig, der in ganzen oder geteilten Waben gehandelt wird	Sorte Qualität Region

Verkehrs-bezeichnung	Begriffsbestimmung	Zusätzliche Bezeichnungen sind möglich
4. Honig mit Wabenteilen oder Wabenstücke in Honig	Honig, der ein oder mehrere Stücke Wabenhonig enthält	Sorte Qualität Region
5. Tropfhonig oder Honig	Durch Austropfen der entdeckelten, brutfreien Waben gewonnener Honig	Sorte Qualität Region
6. Schleuderhonig oder Honig	Durch Schleudern der entdeckelten, brutfreien Waben gewonnener Honig	Sorte Qualität Region
7. Presshonig oder Honig	Durch Pressen der brutfreien Waben ohne oder mit Erwärmung auf höchstens 45 °C gewonnener Honig	Sorte Qualität Region
8. Gefilterter Honig	Honig, der gewonnen wird, indem anorganische oder organische Fremdstoffe so entzogen werden, dass Pollen in erheblichem Maße entfernt werden	keine
9. Backhonig	Honig, der für industrielle Zwecke oder als Zutat für andere Lebensmittel, die anschließend verarbeitet werden, geeignet ist	keine

Änderung der Honigverordnung zum 30.06.2015

Anlässlich der Klagen der Deutschen Imker wegen der Verunreinigung des Honigs mit gentechnisch veränderten Organismen (GVO) und der damit verbundenen Schwierigkeit, Honig als naturbelassen und genfrei zu bezeichnen, wurde die Honigverordnung dahingehend geändert, dass es sich bei Pollen, der sich natürlicherweise im Honig befindet, um keine Zutat, sondern um einen natürlichen Bestandteil des Honigs handelt. Dies könnte den Weg für GVO in Deutschland ermöglichen, weil es sich bei dem Pollengehalt im Honig um einen geringen Bestandteil handelt.

ANLAGE 2 (ZU DEN §§ 2 UND 4): ANFORDERUNGEN AN DIE BESCHAFFENHEIT

Abschnitt I: Allgemeine Anforderungen

Honig dürfen keine anderen Stoffe als Honig zugefügt werden.

Honig muss, soweit möglich, frei von organischen und anorganischen honigfremden Stoffen sein. Honig dürfen jedoch keine honigeigenen Stoffe entzogen werden, soweit dies beim Entfernen von anorganischen oder organischen honigfremden Stoffen nicht unvermeidbar ist. Abweichend davon dürfen gefiltertem Honig Pollen entzogen worden sein.

Honig darf keinen künstlich veränderten Säuregrad aufweisen. Honig darf mit Ausnahme von Backhonig keinen fremden Geschmack oder Geruch aufweisen, nicht in Gärung übergegangen oder gegoren sein oder so stark erhitzt worden sein, dass die Enzyme erheblich oder vollständig inaktiviert wurden.

Abschnitt II: Spezifische Anforderungen

1. Zuckergehalt

1.1 Fructose- und Glucosegehalt (Summen)

a) Blütenhonig: mindestens 60 g/100 g,
b) Honigtauhonig, allein oder in der Mischung mit Blütenhonig: mindestens 45 g/100 g,

1.2 Saccharosegehalt

a) Im Allgemeinen: höchstens 5 g/100 g,
b) Honig von Robinie, Luzerne, *Banksia menziesii*, Süßklee, Roter Eukalyptus, *lucida*, *Eucryphia milliganii*, *Citrus* spp.: höchstens 10 g/100 g,
c) Honig von Lavendel, Borretsch: höchstens 15 g/100 g

2. Wassergehalt

a) Im Allgemeinen: höchstens 20 %
b) Honig von Heidekraut (*Calluna*) und Backhonig im Allgemeinen: höchstens 23 %
c) Backhonig von Heidekraut: höchstens 25 %

3. Gehalt an wasserunlöslichen Stoffen

a) Im Allgemeinen: höchstens 0,1 g/100g
b) Presshonig: höchstens 0,5 g/100g

4. Elektrische Leitfähigkeit

a) Honigarten im Allgemeinen und Mischungen dieser Honigarten: höchstens 0,8 mS/cm,
b) Honigtauhonig und Kastanienhonig und Mischungen dieser Honigarten: mindestens 0,8 mS/cm

Den unter Buchstabe a und b festgelegten Anforderungen müssen die nachfolgend genannten Honigarten sowie Mischungen mit diesen Honigarten nicht entsprechen: Honige von Erdbeerbaum, Glockenheide, Eukalyptus, Linden, Heidekraut, Leptospermum, Teebaum.

5. Gehalt an freien Säuren

a) Im Allgemeinen: höchstens 50 Milliäquivalente Säure pro kg
b) Backhonig: höchstens 80 Milliäquivalente Säure pro kg

6. Hydroxymethylfurfuralgehalt (HMF), bestimmt nach Behandlung und Mischung

a) Im Allgemeinen, mit Ausnahme von Backhonig: höchstens 40 mg/kg, (vorbehaltlich der Bestimmungen unter Nr. 7 Buchstabe b)
b) Honig mit angegebenem Ursprung in Regionen mit tropischem Klima und Mischungen solcher Honigarten untereinander: höchstens 80 mg/kg.

7. Diastase -Zahl nach Schade, bestimmt nach Behandlung und Mischung

a) Im Allgemeinen mit Ausnahme von Backhonig: mindestens 8
b) Honigarten mit einem geringen natürlichen Enzymgehalt (z. B. Zitrushonig und einem HMF-Gehalt von höchstens 15 mg/kg): mindestens 3

Wissensfragen

1. Mit welcher Bezeichnung darf Honig nach dem deutschen Lebensmittelbuch ausgelobt werden, wenn er die entsprechende Qualität aufweist?
2. Das Gesetz bietet weitere Auslobungsmöglichkeiten, welche sind das?
3. Regelt das Verpackungsgesetz auch die Verwendung und Entsorgung von Honiggläsern?
4. Muss man etwas unternehmen, damit die Befreiung rechtens ist?
5. Kann es sein, dass man sich auch mit 25 Bienenvölkern bei der zentralen Stelle des Verpackungsregisters registrieren muss?

Service

Register

Über den Autor

Werner Gekeler ist Imkermeister und betreibt eine Nebenerwerbsimkerei mitten im Biosphärengebiet Schwäbische Alb. Er studierte an der Design+Kommunikations-Akademie Reutlingen Visuelle Kommunikation mit Abschluss als Kommunikationsdesigner.

Im Rahmen seiner Tätigkeit als Referent des Landesverbandes Württembergischer Imker leitet er Neuimkerschulungen nach dem LV-Konzept in Theorie und Praxis in vielen Vereinen. Als staatlicher Imkereiberater organisiert und führt er Honigschulungen durch, in denen er die vom Deutschen Imkerbund erarbeiteten Schulungsinhalte vermittelt.

Von 1973–2002 (29 Jahre) war er staatlicher Fachberater für Imkerei im Regierungsbezirk Tübingen.

Dank

Bei allen Beteiligten, die zum Gelingen des Buches beigetragen haben, möchte ich mich herzlich bedanken.

Dank an den Buchverlag Eugen Ulmer, das Lektorat, insbesondere an Frau Annette Flesch, mit dem gesamten Buchherstellungs-Team.

Dank an den Honigobmann / die Honigobfrau des Landesverbandes Wttbg. Imker und das Honiglabor der Landesanstalt für Bienenkunde Hohenheim. Von 1990 bis 2008 wirkte ich als Juror bei den Honigprämierungen des Landesverbandes mit.

Dank an die Referent*Innen des Landesverbandes Württembergischer Imker mit dem Vorstand und den Schulungsobleuten.

Dank an die Arbeitsgemeinschaft der Fachberater für Imkerei (AFI), Dank an den / die Vorsitzenden und alle Mitglieder.

Dank an die Amtsträger und Mitarbeiter des Deutschen Imkerbundes.

Werner Gekeler

Literatur

Quellennachweis

IMKEREI ALLGEMEIN

Autorenkollektiv: **Der schweizerische Bienenvater.** Fachschriftenverlag des VDRB, Winikon, 17. Auflage 2001

Backer-Struß, Marlene; Rieger, Margret: **Hygiene-Fibel – Grundlagen der Lebensmittelhygiene in Imkereibetrieben.** Landwirtschaftskammer NRW (Hrsg.), Münster, 6. Auflage 2012

Frank, Renate: **Honig.** Verlag Eugen Ulmer, Stuttgart, 3. Auflage 2019

Gekeler, Werner: **Honigbienenhaltung.** Verlag Eugen Ulmer, Stuttgart, 2. Auflage 2013

Gekeler, Werner: **Honigbroschüre.** Selbstverlag, Münsingen, 4. Auflage 2017

Horn, Helmut, Dr. Dr.; Lüllmann, Cord, Dr.: **Das große Honigbuch.** Ehrenwirth Verlag, München, 1992

Hüsing, Johannes Otto; Nitschmann, Joachim: **Lexikon der Bienenkunde.** Edition Leipzig und Ehrenwirth Verlag, München, 1987

Lipp, Josef: **Der Honig. Handbuch der Bienenkunde.** Verlag Eugen Ulmer, Stuttgart, 1994

Ohe, von der, Dr. Werner: **Honig. Entstehung, Gewinnung, Verwertung.** Frankh-Kosmos Verlag, Stuttgart, 2014

Pfefferle, Karl: **Imkern mit dem Magazin.** Selbstverlag, Münstertal Schwarzwald, 1984

Ritter, Wolfgang: **Gute imkerliche Praxis.** Verlag Eugen Ulmer, Stuttgart, 2016

Ritter, Wolfgang: **Bienen naturgemäß halten.** Verlag Eugen Ulmer, Stuttgart, 2014

Rieger, Margret; Backer-Struß, Marlene: **Honig-Fibel.** Landwirtschaftskammer NRW, Münster, 4. Auflage 2011

Ruttner, Friedrich: **Naturgeschichte der Honigbienen.** Ehrenwirth Verlag, München, 1992

Spürgin, Armin: **Die Honigbiene.** Verlag Eugen Ulmer, Stuttgart, 6. Auflage 2020

Seeley, D. Thomas: **Honigbienen.** Birkhäuser Verlag, Basel, 1997

BIENENWEIDE

Barth, Friedrich G.: **Biologie einer Begegnung.** Deutsche Verlags-Anstalt, Stuttgart, 1982

Bertsch, Andreas: **Blüten – lockende Signale.** Otto Maier Verlag Ravensburger, 1975

Kloft, Werner, J.; Maurizio, Anna Dr.; Kaeser, Walter Dr., Fossel, Annemarie: **Waldtracht und Waldhonig in der Imkerei.** Ehrenwirth Verlag, München, 1985

Maurizio, Anna; Grafl, Ina: **Das Trachtpflanzenbuch.** Ehrenwirth Verlag, München, 1982

Schick, Bodo; Spürgin, Armin: **Die Bienenweide.** Verlag Eugen Ulmer, Stuttgart, 1997

FACHZEITSCHRIFTEN IMKEREI

Bienen aktuell. Verlag Landwirt Agrarmedien, Graz

bienen&natur. Deutscher Landwirtschaftsverlag, Hannover, München

Deutsches Bienenjournal. Deutscher Bauernverlag, Berlin

Schweizerische Bienen-Zeitung. Verbandszeitschrift des Imkerverbandes der deutschen und rätoromanischen Imker, CH-Appenzell

Bienenpflege. Verbandszeitschrift des Landesverbandes Württembergischer Imker (LVWI)

Liste der Honiglabore in Deutschland

BADEN-WÜRTTEMBERG

Chemisches und Veterinäruntersuchungsamt Freiburg, Tierhygiene
Dr. Manuel Tritschler
Am Moosweiher 2
79108 Freiburg
Tel: 0761 / 150 20
Fax: 0761 / 150 22 99
E-Mail:
manuel.tritschler@cvuafr.bwl.de
www.cvua-freiburg.de

Landesanstalt für Bienenkunde an der Universität Hohenheim
Leitung: PD Dr. Peter Rosenkranz
August-von-Hartmann-Straße 13
70599 Stuttgart
Tel: 0711 / 45 92 26 59
Fax: 0711 / 45 92 22 33
E-Mail:
peter.rosenkranz@uni-hohenheim.de
www.bienenkunde.uni-hohenheim.de

BAYERN

Bayerische Landesanstalt für Weinbau und Gartenbau Institut für Bienenkunde und Imkerei (IBI)
Leitung: Dr. Stefan Berg
An der Steige 15
97209 Veitshöchheim
Tel: 0931 / 980 13 52
Fax: 0931 / 980 13 50
E-Mail: IBI@lwg.bayern.de
www.lwg.bayern.de

Universität Würzburg Biozentrum, Lehrstuhl für Zoologie II
Prof. Dr. Ricarda Scheiner
Am Hubland
97074 Würzburg
Tel.: 0931 / 318 47 45
E-Mail:
Ricarda.Scheiner@Uni-Wuerzburg.de
www.biozentrum.uni-wuerzburg.de/zoo2/forschung/bienenstation

BERLIN

Freie Universität Berlin FB Veterinär-Biochemie
Dr. Benedikt Polaczek
Oertzenweg 19 b
14163 Berlin
Tel: 030 / 83 85 39 45
E-Mail: polaczek@zedat.fu-berlin.de
www.vetmed.fu-berlin.de/einrichtungen/institute/we03/bienen

BRANDENBURG

Länderinstitut für Bienenkunde Hohen Neuendorf e. V.
Leitung: Prof. Dr. Kaspar Bienefeld
Friedrich-Engels-Straße 32
16540 Hohen Neuendorf
Tel: 03303 / 29 38 30
Fax: 03303 / 29 38 40

E-Mail: Bienenkunde@hu-berlin.de
www.honigbiene.de

BREMEN

Forschungsstelle für Bienenkunde
Universität Bremen / FB 2
Dr. Dorothea Brückner
Postfach 33 04 40
28334 Bremen
Tel: 0421 / 218 34 59
Fax: 0421 / 218 32 20
E-Mail:
dorothea.brueckner@uni-bremen.de
www.zkw.uni-bremen.de/node/139

HESSEN

Landesbetrieb Landwirtschaft
Hessen, Bieneninstitut
Leitung: Dr. Ralph Büchler
Erlenstraße 9
35274 Kirchhain
Tel: 06422 / 940 60
Fax: 06422 / 94 06 33
E-Mail: ralph.buechler@llh.hessen.de
www.llh.hessen.de/bildung/
bieneninstitut-kirchhain

Institut für Bienenkunde
(Polytechnische Gesellschaft)
Fachbereich Biowissenschaften,
Goethe-Universität Frankfurt a. M.
Leitung: Prof. Dr. Bernd Grünewald
Karl-von-Frisch-Weg 2
61440 Oberursel
Tel: 06171 / 212 78
Fax: 06171 / 257 69
E-Mail:
bienenkunde@bio.uni-frankfurt.de
www.institut-fuer-bienenkunde.de

NIEDERSACHSEN

Julius-Kühn-Institut
Bundesforschungsinstitut für
Kulturpflanzen
Institut für Bienenschutz
Leitung: Dr. Jens Pistorius
Messeweg 11–12
38104 Braunschweig
Tel: 0531 / 299 42 00
Fax: 0531 / 299 30 28
E-Mail: jens.pistorius@julius-kuehn.de
www.julius-kuehn.de/bienenschutz

Untersuchungsstelle für
Bienenvergiftungen
Kontakt: David Thorbahn
Tel: 05 31 / 299 42 - 06 (oder - 01)
E-Mail:
david.thorbahn@julius-kuehn.de
bs@julius-kuehn.de
www.bienenuntersuchung.
julius-kuehn.de

LAVES
Institut für Bienenkunde Celle
Leitung: Prof. Dr. Werner von der Ohe
Herzogin-Eleonore-Allee 5
29221 Celle
Tel: 05141 / 905 03 40
Fax: 05141 / 905 03 44
www.laves.niedersachsen.de
E-Mail:
Poststelle.IB-CE@laves.niedersachsen.de

Obstbauversuchsanstalt der Land-
wirtschaftskammer Niedersachsen
Sachgebiet Bienenkunde
Dr. Wolfram Klein
Moorende 53
21635 Jork
Tel: 04162 / 60 16 - 0
Fax: 04162 / 60 16 - 600
E-Mail:
Wolfram.Klein@LWK-niedersachsen.de

www.lwk-niedersachsen.de/index.cfm/portal/3/nav/103/article/31379.html

NORDRHEIN-WESTFALEN

INRES
Agrarökologie und organischer Landbau
Universität Bonn
Dr. Andreé Hamm
Auf dem Hügel 6
53121 Bonn
Tel: 0228 / 73 56 43
Fax: 0228 / 73 92 69
E-Mail: a.ham@uni-bonn.de
www.inres.uni-bonn.de

Landwirtschaftskammer Nordrhein-Westfalen
Aufgabenbereich Bienenkunde
Leitung: Dr. Marika Harz
Nevinghoff 40
48147 Münster
Tel: 0251 / 237 66 62
Fax: 0251 / 237 65 51
E-Mail: marika.harz@lwk.nrw.de
www.landwirtschaftskammer.de
www.apis-ev.de

RHEINLAND-PFALZ

Dienstleistungszentrum Westerwald-Osteifel
Fachzentrum Bienen und Imkerei
Leitung: Dr. Christoph Otten
Im Bannen 38–54
56727 Mayen
Tel: 02651 / 960 50
Fax: 0671 / 92 89 61 01
E-Mail:
poststelle.bienenkunde@dlr.rlp.de
www.bienenkunde.rlp.de

SACHSEN-ANHALT

Martin-Luther-Universität Halle-Wittenberg
Institut für Biologie
Bereich Zoologie
Prof. Dr. Robert Paxton
Hoher Weg 8
06099 Halle
Tel: 0345 / 552 64 51
Fax: 0345 / 552 71 52
E-Mail:
robert.paxton@zoologie.uni-halle.de
www.zoologie.uni-halle.de/allgemeine_zoologie

SCHLESWIG-HOLSTEIN

Schleswig-Holsteinische Imkerschule
Hamburger Straße 109
23795 Bad Segeberg
Tel: 04551 / 24 36
Fax: 04551 / 931 94
E-Mail: info@imkerschule-sh.de
www.imkerschule-sh.de

Deutscher Imkerbund e. V.
Villiper Hauptstraße 3
53343 Wachtberg
Tel: 0228 / 93 29 20
E-Mail: info@imkerbund.de
Honiguntersuchungsstelle:
Labor@imkerbund.de
www.deutscherimkerbund.de

Hinweis

Anmerkung zur Schreibweise (Gendering) der weiblichen, männlichen und unbestimmten Form: Ausschließlich aufgrund der deutlich besseren Lesbarkeit wird in diesem Werk auf die jeweilige Mehrfachnennung oder Anpassung der Schreibweise bestimmter Bezeichnungen verzichtet. So stehen die Namen der Vertreter verschiedener Fachbereiche (wie Imker etc.) selbstverständlich für alle, die diese Berufe ausüben oder vertreten.

Bildquellen

Titelfoto: Hartmut Seehuber
Deutscher Imkerbund: S. 53, Dr. Dr. Horn: S. 72
Nassenheider Fillsystems: S. 50, Klaus Nowottnick: S. 26 rechts
Hartmut Seehuber: S. 47, 56, 57, 98, 123, Armin Spürgin: S. 28 rechts

Alle restlichen Fotos aus dem Innenteil stammen vom Verfasser.

Impressum

Die in diesem Buch enthaltenen Empfehlungen und Angaben sind vom Autor mit größter Sorgfalt zusammengestellt und geprüft worden. Eine Garantie für die Richtigkeit der Angaben kann aber nicht gegeben werden. Autor und Verlag übernehmen keine Haftung für Schäden und Unfälle. Bitte setzen Sie bei der Anwendung der in diesem Buch enthaltenen Empfehlungen Ihr persönliches Urteilsvermögen ein. Der Verlag Eugen Ulmer ist nicht verantwortlich für die Inhalte der im Buch genannten Websites.

Bibliografische Information der Deutschen Nationalbibliothek
Die Deutsche Nationalbibliothek verzeichnet diese Publikation in der Deutschen Nationalbibliografie; detaillierte bibliografische Daten sind im Internet über http://dnb.d-nb.de abrufbar.

Wollgrasweg 41, 70599 Stuttgart (Hohenheim)
E-Mail: info@ulmer.de
Internet: www.ulmer.de

Lektorat: Annette Flesch, Carolin Witte, Jennifer Zajonz
Herstellung: Isabell Scherrieble
Umschlaggestaltung und Satz: Antje Warnecke, Appen
Reproduktion: timeRay Visualisierungen, Jettingen
Druck und Bindung: Pustet GmbH, Regensburg
Printed in Germany

MIX
Papier aus verantwortungsvollen Quellen
FSC
www.fsc.org
FSC® C014889

ISBN 978-3-8186-1141-5